AF648954

ISSN 0021-1915

17. JAHRGANG · SEITEN 185—228 · BERLIN MAI 1981

IPRAX 17 17 (5) 185—228 (1981) 32036

5

isotopenpraxis

EVP 9,— M

AKADEMIE-VERLAG

ISOTOPENPRAXIS

herausgegeben von J. Mühlenpfordt, Berlin · C. F. Weiss, Leipzig

unter Mitwirkung von M. F. Abdel-Wahab, Khartum · E. Broda, Wien · O. Charamza, Olomouc · Z. Dienstbier, Praha · L. Herforth, Dresden · V. K. Iya, Bombay · W. Kodjukow, Moskau · M. Melnikowa, Leningrad · V. Mercea, Cluj · R. Münze, Rossendorf · S. Muždeka, Beograd · Ü. Radwan, Swierk · A. I. Schatenstein, Moskau · H. R. Schütte, Halle · K. Schwabe, Rossendorf · P. Tétényi, Budapest · K. Unger, Quedlinburg · S. Varga, Bratislava · G. Vormum, Berlin

REDAKTIONSAUSSCHUSS: H.-J. Altenbrunn, Berlin · E. Becker, Magdeburg · W. Dietzsch, Dresden · J. Holzhey, Freiberg · H. Hübner, Leipzig · K. Irmer, Dresden · P. Krumbiegel, Leipzig · S. Niese, Rossendorf · R. Otto, Leipzig · U. Prösch, Berlin · G. Reinhard, Dresden · H. Rothe, Berlin · H. Scheel, Berlin · K. Uhlig, Berlin (Chefredakteur) · K. Wagner, Berlin · L. Wuckel, Dresden

REDAKTIONSSEKRETÄR: H. Neumann, Berlin

An unsere Autoren

Die Zeitschrift veröffentlicht Beiträge zu folgenden Themen: Kontrolle und Analyse radioaktiver und stabiler Isotope, Anwendung radioaktiver und stabiler Isotope in allen Gebieten der Forschung und Technik, der Industrie, Landwirtschaft und Medizin, Herstellung radioaktiver und stabiler Isotope sowie von markierten Verbindungen, kernelektronische Geräte für die Isotopenanwendung (Dickenmesser, Dichtemesser u. ä.) Detektoren für isotopentechnische Arbeiten und den Strahlenschutz in Isotopenlaboratorien, Meßtechnik und Strahlenschutz, Dosimetrie in Isotopenlaboratorien, kerntechnische Geräte für die Isotopenanwendung (Beton, Bestrahlungsanlagen u. ä.), Strahlenchemie, Radiochemie, ökonomische und perspektivische Fragen, Fragen der Weiterbildung.

1. Aufnahme von Manuskripten

Zur Veröffentlichung angenommen werden nur durckreife, noch nicht anderweitig publizierte Beiträge in deutscher, englischer oder russischer Sprache zum Themenbereich der Zeitschrift und zwar

Originalarbeiten
Kurze Originalmitteilungen
Aus der Praxis
Zusammenfassende Berichte
Tagungsberichte
Informationen.

Sind der Beitrag oder Teile daraus bereits veröffentlicht oder ist eine anderweitige Veröffentlichung vorgesehen, so muß dies der Redaktion mit genauer Angabe der Zweitveröffentlichung mitgeteilt werden. Mit der Annahme des Manuskriptes behält sich der Verlag das Recht der Vervielfältigung, Verbreitung und Übersetzung innerhalb der gesetzlichen Schutzfrist vor. Auszugsweiser Nachdruck oder photomechanische u. a. Wiedergabe sind an eine schriftliche Genehmigung des Verlages gebunden. Manuskripte, Zeichnungen und Photos von veröffentlichten Arbeiten werden nur auf den besonderen und bis zum Zeitpunkt der Veröffentlichung mitgeteilten Wunsch des Autors zurückgesandt.
Bei der unverlangten Einreichung von Manuskripten wird empfohlen, eine Befürwortung eines der Herausgeber oder Redaktionsausschußmitglieder beizufügen.
Manuskripte sind einzureichen bei der Redaktion, DDR-1080 Berlin, Leipziger Str. 3—4.

2. Form der Manuskripte

Die Autoren werden gebeten:
2 Manuskripte, eines davon in Original-Maschinenschrift, einseitig und mit 2zeiligem Abstand einzureichen; gut leserliche Photokopien sind zulässig; auf dem 1. Blatt (unter Weglassung der Bezeichnung)

den Titel der Arbeit
Vorname-Initialen und Namen sämtlicher Autoren
gegebenenfalls die Institution, in der sie tätig sind
eine kurze Zusammenfassung der Arbeit von höchstens 15 Zeilen
Keywords in alphabetischer Reihenfolge und
als Fußnote die Anschrift der Institution anzugeben;

wenn möglich auf gesonderten Blättern Namen, Titel der Arbeit und Zusammenfassung in den beiden anderen obengenannten Sprachen 2fach beizufügen:
Literaturhinweise (fortlaufend numeriert), Fußnoten, Tabellen, Abbildungen (in etwa 2facher Veröffentlichungsgröße), Abbildungsunterschriften (getrennt von den Abbildungen, mit Zeichenerklärungen, Quellenangaben, falls erforderlich, und gegebenenfalls mit einem Vermerk für besondere Wünsche bezüglich der Abbildungsgröße), private und Dienstanschrift der Verfasser mit akademischen Titeln und ausgeschriebenen Vornamen auf besonderen Blättern ans Ende des Manuskriptes zu stellen;
Wünsche für den Kolumnentitel (Seitenüberschrift) bekanntzugeben;
Absätze durch Einzüge von mindestens 3 Anschlägen kenntlich zu machen;
die Maßeinheiten des SI-Systems ("Systéme International") zu verwenden;
Korrekturen im Manuskript unmittelbar an der zu korrigierenden Stelle anzubringen;
Formeln deutlich lesbar und möglichst groß einzutragen;
Farbabbildungen und nachträgliche Änderungen oder Ergänzungen in Abbildungen zu vermeiden;
hervorzuhebende Textstellen zu unterstreichen, und zwar halbfetten Satz mit einer geraden schwarzen Linie, kursiven Satz (Schrägschrift) mit einer blauen Wellenlinie (alle Eigennamen). Sperrungen gestrichelt;
besondere Buchstaben durch farbige Unterstreichung zu kennzeichnen, und zwar Formelzeichen in

Griechisch-Kursiv ($\alpha, \beta, \ldots$) rot,
Kursiv ($A, B, \ldots$) blau
halbfetter Kursiv ($\boldsymbol{A}, \boldsymbol{B}, \ldots$) 2 Linien blau (Vektoren),
halbfetter Grotesk ($\mathbf{A}, \mathbf{B}, \ldots$) 2 Linien violett (Tensoren);

bei Literaturangaben auf Vollständigkeit zu achten. In nachstehender Reihenfolge müssen angegeben sein:

a) bei *Zeitschriften*: Vorname-Initialen und Namen sämtlicher Autoren, Titel der Zeitschrift (nach „Periodica Chimica" oder möglichst wenig gekürzt), Bandnummer (unterstrichen), Jahreszahl (in Klammern), Heftnummer (nur bei Zeitschriften, die jedes Heft mit S. 1 beginnen) sowie die Seitenzahl, auf der die zitierte Arbeit beginnt.

b) bei *Büchern*: Initialen der Vornamen und Name des Autors (Herausgeber werden durch den Zusatz „ed." gekennzeichnet), voll ausgeschriebener Titel des Buches in der Originalsprache, evtl. Bandnummer, voll ausgeschriebener Name des Verlages, Nummer der Auflage (außer der ersten), Erscheinungsort(e), Erscheinungsjahr (hier nicht in Klammern setzen!) und evtl. Kapitelnummer, Seitenzahl u. ä.

c) bei *Sammelbänden, Tagungsberichten*: Es soll zusätzlich der Titel des zitierten Beitrags angegeben werden. Die Seitenzahl muß unbedingt angegeben werden. Aus dem Zitat muß hervorgehen, ob es sich um einen Tagungssammelband oder um einen noch nicht veröffentlichten Vortrag handelt. Zwischen Tagungsort und Erscheinungsort des entsprechenden Tagungsberichts ist zu unterscheiden.

3. Korrekturen

Der Autor erhält zwei Umbruchabzüge, von denen einer möglichst schnell korrigiert an die Redaktion zurückgereicht werden soll. Auf Wunsch des Autors kann die Korrektur auch von der Redaktion geelesen werden.

Durch nachträgliche Manuskriptänderungen verursachte Korrekturkosten gehen, sofern sie 10% der Satzkosten übersteigen zu Lasten des Autors.

Der Autor erhält 50 Sonderdrucke kostenlos. Weitere Sonderdrucke können bis zur Rückgabe der Korrekturabzüge auf Kosten des Autors bei der Redaktion bestellt werden.

Bezugsmöglichkeiten

Bestellungen sind zu richten

- **in der DDR** an den Postzeitungsvertrieb; an eine Buchhandlung oder an den AKADEMIE-VERLAG, DDR-1080 Berlin, Leipziger Straße 3—4
- **im sozialistischen Ausland** an eine Buchhandlung für fremdsprachige Literatur oder an den zuständigen Postzeitungsvertrieb
- **in der BRD und Berlin(West)** an eine Buchhandlung oder an die Auslieferungsstelle KUNST UND WISSEN, Erich Bieber OHG, D-7000 Stuttgart 1, Wilhelmstraße 4—6
- **in Österreich** an den Globus-Buchvertreib, A-1201 Wien, Höchstädtplatz 3
- **in den übrigen westeuropäischen Ländern** an eine Buchhandlung oder an die Auslieferungsstelle KUNST UND WISSEN, Erich Bieber GmbH, CH-8008 Zürich/Schweiz, Dufourstraße 51
- **im übrigen Ausland** an den Internationalen Buch- und Zeitschriftenhandel; den Buchexport, Volkseigener Außenhandelsbetrieb der Deutschen Demokratischen Republik, DDR-7010 Leipzig, Postfach 160; oder an den AKADEMIE-VERLAG, DDR-1080 Berlin, Leipziger Straße 3—4

Zeitschrift „Isotopenpraxis"

Herausgeber: Im Auftrag des Akademie-Verlages herausgegeben von Prof. Dr. Justus Mühlenpfordt und Prof. Dr. Carl Friedrich Weiss
Verlag: Akademie-Verlag, DDR-1080 Berlin, Leipziger Straße 3—4; Fernruf: 2236221 oder 2236229; Telex-Nr.: 114420;
Bank: Staatsbank der DDR, Berlin, Kto.-Nr.: 6836-26-20712
Chefredakteur: Dr. Klaus Uhlig, Berlin
Anschrift der Redaktion (Fernruf: 6351177) der Zeitschrift Isotopenpraxis: Akademie-Verlag, DDR-1080 Berlin, Leipziger Str. 3—4
Veröffentlicht unter der Lizenznummer 1527 des Presseamtes beim Vorsitzenden des Ministerrates der Deutschen Demokratischen Republik
Gesamtherstellung: VEB Druckerei „Thomas Müntzer", DDR-5820 Bad Langensalza
Erscheinungsweise: Die Zeitschrift „Isotopenpraxis" erscheint monatlich. Die 12 Hefte eines Jahrganges bilden einen Band. Bezugspreis je Band 180,— M zuzüglich Versandspesen (Preis für die DDR 108,— M) Preis je Heft 15,— (Preis für die DDR 9,— M)
Bestellnummer dieses Heftes: 1079/17/5
© 1981 by Akademie-Verlag Berlin. Printed in the German Democratic Republic
AN (EDV) 12831

ISOTOPENPRAXIS ISSN 0021-1915

Band 17 (1981) Heft 5, S. 185—228

Redaktion und Verlag: Akademie-Verlag, Redaktion Isotopenpraxis, 1080 Berlin, Leipziger Straße 3—4

Inhaltsverzeichnis

Während die Anwendung von radioaktiven Nukliden in der Medizin schon seit vielen Jahren zum Standard der spezialisierten Diagnostik zählt, ist die medizinische Anwendung stabiler Isotope erst im letzten Jahrzehnt verstärkt in Erscheinung getreten. In einem Überblick werden die Voraussetzungen für den Einsatz stabiler Isotope am Menschen sowie die Schwerpunkte der medizinischen Einsatzgebiete besprochen. Auf Beiträge der DDR zu dieser international in beachtlicher Entwicklung befindlichen Forschungsrichtung wird dabei hingewiesen.

Originalarbeiten

Es wird eine Methode zur Anreicherung des Isotops ^{196}Hg durch isotopenselektive Photooxydation von Quecksilberdampf beschrieben. Sie beruht auf der Benutzung von Niederdruck-Gasentladungslampen, die mit ^{196}Hg gefüllt sind und so betrieben werden, daß eine schwache Selbstabsorption auftritt, und auf der Anwendung einer Filterschicht mit natürlichem Quecksilberdampf. Im günstigsten Falle wurde das Verhältnis der Häufigkeiten der Isotope ^{202}Hg/^{196}Hg vom natürlichen Wert 200 auf 1,5 gebracht. Die maximale Isotopenhäufigkeit von ^{196}Hg im Reaktionsprodukt betrug über 6 Atom-%.

Es wird ein einfaches α-Spektrometer mit einem Halbleiterdetektor beschrieben, das für die Messung von Umweltnukliden entwickelt wurde. Zur Anpassung an unterschiedliche Meßaufgaben kann die Meßgeometrie durch Variation des Präparat-Detektor-Abstandes und durch Einbau von Blenden verändert werden. Dabei ist eine gewählte Meßgeometrie mit hoher Genauigkeit reproduzierbar. Die Nachweisgrenze des α-Spektrometers beträgt bei einer Meßzeit von $4 \cdot 10^5$ s etwa 2,3 mBq, das entspricht 0,18 μg U bzw. 0,55 μg Th.

Mit Hilfe von Tracer- und Extrapolations-Methoden wurde die absolute Standardisierung von Lösungen von ^{137}Cs und ^{144}Ce + ^{144}Pr erreicht. Im Falle von ^{137}Cs wurde eine ^{144}Cs-Vergleichslösung als Tracer verwendet. Die gesamte Unsicherheit bei der Standardisierung der beiden Lösungen betrug 1,5 bzw. 1,0 %.

Im Jahre 1958 wurde mit dem Aufbau der Isotopenproduktion in der DDR begonnen. Zum gegenwärtigen Zeitpunkt wird ein großer Anteil des Inlandbedarfs an Radionukliden gedeckt. Darüber hinaus werden ca. 50 % der Produktion in über 15 Länder exportiert. Ungefähr 80 % der Produktionspalette sind Präparate für die Anwendung in der Nuklearmedizin. In der Perspektive wird die Produktion von Großstrahlungsquellen und von Zyklotronisotopen zunehmend an Bedeutung gewinnen. Ausgehend von diesen Entwicklungstendenzen auf dem Gebiet der radioaktiven Präparate werden meßtechnische Probleme auf Grund von Produkten mit sehr hohen Aktivitätskonzentrationen (bis zu einigen TBq/g), auf Grund der gestiegenen Anforderungen hinsichtlich der Radionuklidreinheit und der Produktion neuartiger Radionuklide sowie auf dem Gebiet der umschlossenen Quellen hinsichtlich der Kalibrierung von Meßeinrichtungen für die Dosisleistungsmessung von Quellen mit Aktivitäten im Bereich von 10^{15} Bq z. T. in Zusammenarbeit mit dem ASMW zu lösen sein.

Eine der verbreitetsten Methoden zur Bestimmung der Aktivitätskonzentration in Lösungen besteht in der Entnahme eines Aliquots dieser Lösung, der Überführung des radioaktiven Nuklids aus diesem Aliquot in den festen bzw. gasförmigen Zustand und Messung seiner Aktivität, woraus sich anschließend die Aktivitätskonzentration der Ausgangslösung bestimmen läßt. Unter Verwendung eines Kriteriums nach Fischer wird die Fehlerrechnung erläutert und am Beispiel der Messung der Aktivitätskonzentration einer wäßrigen Carbonatlösung dargestellt.

Es wird über die Bestimmung der Korrektur für Absorption und Selbstabsorption von reinen Referenzalphaquellen auf fester metallischer Unterlage mittels einer Meßeinrichtung berichtet, die eine Kombination aus Impulsionisationskammer, Zählsystem und Ionisationsspektrometer darstellt. Die beschriebene Methode basiert auf der Messung der austretenden Strahlung der Alphaquellen und der Untersuchung der spektralen Impulsverteilung der Alphateilchen.
Die mit dieser Methode bestimmten Korrekturen für Absorption und Selbstabsorption bei einer Reihe von Referenzalphaquellen mit Aktivitäten kleiner 500 Bq lagen zusammen in einem Intervall von 0,012 bis 0,02 Bq.

(Fortsetzung des Inhaltsverzeichnisses auf der Rückseite des 2. gelben Blattes)

ISOTOPENPRAXIS

Band 17 (1981) Heft 5, S. 185–228

Redaktion und Verlag: Akademie-Verlag, Redaktion Isotopenpraxis, 1080 Berlin, Leipziger Straße 3–4

Contents

L. Yankovski

The Efficiency of the Utilization of Isotope and Radiation Techniques in National Economy — Methodological Problems

Isotopenpraxis **17** (1981) No. 5, p. 185 to 193
– Fig., 2 Tab., 22 Ref.

H. Faust, K. Jung, P. Krumbiegel

Stable Isotopes in Medical Research

Isotopenpraxis **17** (1981) No. 5, p. 193 to 200
2 Fig., 3 Tab., 98 Ref.

While the use of radioactive nuclides in medicine for many years has been a standard means of specialized diagnostics, medical utilization of stable isotopes has been developing to an increased degree within the last decade only. A survey is given on the preconditions for the use of stable isotopes on human beings, as well as on the major subjects of medical application. Contributions of the GDR to this field of research under considerable development in an international setting are shown.

Articles

G. Mueller, D. Hessel, H. Schmidt, W. Haeussler, U. Offermanns

Photochemical Separation of Mercury Isotopes

Isotopenpraxis **17** (1981) No. 5, p. 200 to 205
4 Fig., 5 Tab., 6 Ref.

A method of enriching the ^{196}Hg isotope through isotope-selective photooxidation of mercury vapour is described. It is based both on the utilization of low-pressure gas-discharge lamps filled with ^{196}Hg and operated in a way as to cause faint self-absorption, and on the utilization of a filter bed with natural mercury vapour. In most favourable cases, the abundance ratio of the isotopes ^{202}Hg and ^{196}Hg could be transferred from the natural value being 200 to 1·5. The maximum abundance of the isotope ^{196}Hg in the reaction product ranged above 5 atom-%.

R. Gellermann, F. Roehlich, M. Deutscher

An Alpha-Spectrometer for the Investigation of Environmental Nuclides

Isotopenpraxis **17** (1981) No. 5, p. 206 to 210
4 Fig., 7 Tab., 5 Ref.

A simple alpha-spectrometer with a semiconductor detector is described, which has been designed to measure environmental nuclides. For adaptation to various metering requirements, the measuring geometry may be modified by varying the source-detector distance, or by installing diaphragms. At the same time, high-accuracy reproducibility of the chosen measuring geometry is provided. The detection limit of the alpha-spectrometer ranges about 2·3 mBq with measuring time being $4 \cdot 10^5$ seconds, which corresponds to 0·18 μg U, or 0·55 μg Th., respectively.

M. Sahagia

Some Practical Applications of Tracing and Extrapolation Methods in Absolute Standardization (*in English*)

Isotopenpraxis **17** (1981) No. 5, p. 211 to 213
5 Fig., – Tab., 13 Ref.

The absolute standardization of two solutions of ^{137}Cs and ^{144}Ce + ^{144}Pr was achieved by tracing and extrapolation methods. For ^{137}Cs, a ^{134}Cs

Содержание

Л. Янковский

Эффективность применения изотопной и радиационной техники в народном хозяйстве — методические проблемы

Isotopenpraxis **17** (1981) вып. 5, стр. 185 до 193
– рис., 2 табл., 22 лит.

Х. Фауст, К. Юнг, П. Крумбигель

Стабильные изотопы в медицинских исследованиях

Isotopenpraxis **17** (1981) вып. 5, стр. 193 до 200
2 рис., 3 табл., 98 лит.

В то время, когда применение радиоактивных нуклидов в медицине уже много лет считается стандартным подходом в специализированной диагностике, медицинское применение стабильных изотопов только в последнем десятилетии нашло более широкое распространение. В данном обзоре приводятся предпосылки применения стабильных изотопов на человеке, а также центральные в этом отношении области применения. Отмечаются вклады ГДР в данную область исследовательских работ, которое в международном масштабе проходит значительное развитие.

Статьи

Г. Мюллер, Д. Хессель, Х. Шмидт, В. Хойсслер, У. Офферманнс

Фотохимическое отделение изотопов ртути

Isotopenpraxis **17** (1981) вып. 5, стр. 200 до 205
4 рис., 5 табл., 6 лит.

Метод обогащения изотопа ^{196}Hg путем изотопно-селективного фотоокисления ртутного пара описывается. Он основывается на использовании заполненных ^{196}Hg газоразрядных ламп низкого давления, работающих на режиме слабого самопоглощения, и на применении фильтровального слоя с естественным ртутным паром. В самых выгодных случаях удалось довести отношение распространенности изотопов ^{202}Hg и ^{196}Hg с естественного значения 200 до значения 1,5. В продукте реакции максимальная распространенность изотопа ^{196}Hg составляла более 5 атом-%.

Р. Геллерманн, К. Фрёлих, М. Дойтшер

Альфа-спектрометр для исследования нуклидов из окружающей среды

Isotopenpraxis **17** (1981) вып. 5, стр. 206 до 210
4 рис., 7 табл., 5 лит.

Описывается простой альфа-спектрометр с полупроводниковым детектором, который разработан для определения нуклидов из окружающей среды. Для приспособления к различным назначениям можно модифицировать измерительную геометрию путем вариации расстояния между препаратом и детектором, а также путем установки диафрагм. При этом, выбираемая измерительная геометрия воспроизводима с большой точностью. Предел измерения альфа-спектрометра составляет около 2,3 mBq при времени измерения $4 \cdot 10^5$ *сек.*, что соответствует 0,18 μg U или 0,55 μg Th.

М. Сахагиа

Некоторые примеры практического применения индикаторных и экстраполяционных методов для абсолютной стандартизации (*на англ. языке*)

Isotopenpraxis **17** (1981) вып. 5, стр. 211 до 213
5 рис., – табл., 13 лит.

С помощью индикаторных и экстраполяционных методов достигнута абсолютная стандартизация растворов ^{137}Cs и ^{144}Ce + ^{144}Pr. В случае

Die Effektivität der Anwendung der Isotopen- und Strahlentechnik in der Volkswirtschaft — methodische Probleme*

L. Jankowski

(Zentralinstitut für Isotopen- und Strahlenforschung der ADW der DDR, Leipzig)[1])

Herrn Prof. Dr.-Ing. *J. Mühlenpfordt* zum 70. Geburtstag gewidmet

Keywords

economics; efficiency; isotope applications; radiation techniques

1. Einleitung

Die tiefgreifenden Veränderungen in den ökonomischen und politischen Bedingungen des Kampfes der Länder der sozialistischen Staatengemeinschaft um die Erfüllung der geplanten Ziele ihrer Wirtschafts- und Sozialpolitik in den letzten Jahren gibt den Fragen des wissenschaftlich-technischen Fortschritts, der schnellen Überführung der Forschungsergebnisse in die Praxis, den Fragen von qualitativ neuen, effektiven Technologien, einen bedeutend höheren Stellenwert. Die Steigerung der Effektivität aller Etappen des gesellschaftlichen Reproduktionsprozesses wird zur wichtigsten Aufgabe bei der Gestaltung der Wirtschaftsstrategie der sozialistischen Länder für die 80er und 90er Jahre. Bei der Planung der Struktur und der Entwicklung der Volkswirtschaft, bei der langfristigen Konzipierung der technischen und technologischen Prozesse und Schaffung einer neuen Generation von Geräten spielen die Kennwerte der Effektivität, d. h. die Gegenüberstellung der Effekte, der Resultate und des Aufwandes, eine immer größere Rolle.

Die einzelnen Bereiche der Kerntechnik, die Kernenergetik, die Isotopen- und Strahlenforschung sowie die kernphysikalische Grundlagenforschung haben, wenn auch mit unterschiedlichem Umfang und auf unterschiedliche Weise, einen festen Platz im Reproduktionsprozeß der Volkswirtschaft der sozialistischen Länder eingenommen. Sie sind zu einem festen Bestandteil des wissenschaftlich-technischen Fortschritts in diesen Ländern geworden. Der Ausnutzungsgrad der Energiequellen der Länder, der Anteil der Kernenergie in der Energiebilanz, wurden zu einem der Hauptfaktoren der Entwicklung der Produktivkräfte und des Standes der materiellen Kultur. Auch andere Zweige der Kerntechnik bestimmen heute in hohem Grade den Entwicklungsstand der Technik und der Technologie. Die wissenschaftlich-technische Zusammenarbeit zwischen den Ländern des RGW führte in den letzten Jahren zu einer Reihe bedeutender Erfolge. Die wichtigsten davon sind [1]:

- die Beherrschung der Technologie und der Produktion von Erzeugnissen des kerntechnischen Gerätebaus und der Strahlenschutztechnik;
- die Beherrschung von Methoden, Verfahren und Techniken der Anwendung von Isotopen und Herstellung der dazu notwendigen Anlagen, Einrichtungen und Geräte;
- die Beherrschung von Methoden und Entwicklung von Anlagen für die Arbeit mit radioaktiven Stoffen;
- die Beherrschung des Aufbaus und der Nutzung industrieller Kernkraftwerke.

Die Isotopen- und Strahlentechnik liefert, trotz relativ geringen Anteils an Ausgaben und Potentialen der Länder, sowohl für die Kerntechnik selbst als auch in zunehmendem Maße für alle anderen Bereiche der Volkswirtschaft ökonomisch bedeutende Ergebnisse. Die Geräte, Verfahren und Methoden der Isotopen- und Strahlenforschung und -technik finden ihre Anwendung in fast allen Bereichen der Industrie, der Geologie, der Landwirtschaft, Biologie, Medizin u. a. Sie umfassen produktive und nichtproduktive Sphären der Volkswirtschaft; ihre potentielle, geplante Effektivität entscheidet über ihre Aufnahme in die Produktion und über den Umfang ihrer Anwendung in der Volkswirtschaft. Die Ermittlung der Effektivität der Isotopenforschung und -technik ist heute, in der Periode ihrer besonders schnellen Entwicklung, besonders aktuell. Die in Übereinstimmung mit den Prinzipien der „Identität des Ergebnisses" ermittelten Werte des Aufwandes und des Nutzens verschiedener Alternativlösungen der Isotopentechnik geben uns die Möglichkeit zu entscheiden, welche dieser Methoden oder Verfahren entwickelt und in welchem Umfang sie in der Volkswirtschaft angewendet werden sollen. Die fundierten, nach einer einheitlichen Methodik ermittelten Effektivitätswerte gestatten die Durchführung von Vergleichsuntersuchungen in den einzelnen sozialistischen Ländern, eine bessere Koordinierung der Forschungsvorhaben, der Entwicklungs- und Produktionskapazitäten und dienen somit der Vertiefung der wissenschaftlich-technischen Zusammenarbeit der Länder des RGW. Eine einheitliche, übersichtliche Erfassung der Angaben über Aufwand und Nutzen der Isotopentechnik, Zahl der Anwendungen der Geräte, Methoden und Verfahren in den einzelnen Zweigen der Volkswirtschaft in den einzelnen Ländern und Jahren bieten außerdem eine notwendige Grundlage für die Analyse von langfristigen wissenschaftspolitischen und wirtschaftlichen Tendenzen der Entwicklung dieses wichtigen Bereiches der friedlichen Anwendung der Kernforschung.

2. Aspekte der Effektivitätsanalyse der Isotopentechnik

Obwohl die Anwendung der Isotopentechnik zu den ältesten Bereichen der friedlichen Anwendung der Atomenergie gehört — die erste Anwendung erfolgte bereits Ende der 40er Jahre —, gibt es bis heute noch keine geschlossene

* Vortrag auf der Spezialistenberatung der ZAG „Anwendung von Isotopen in der Volkswirtschaft der Länder des RGW" in Halle, vom 22.–25. 4. 80

[1]) Anschrift: 7050 Leipzig, Permoserstr. 15

Methodik ihrer Effektivitätsermittlung. Die Schwierigkeit liegt sowohl in der Vielfältigkeit der einzelnen Methoden, Geräte und Verfahren dieser Technik als auch in ihrer großen Anwendungsbreite. In einer Reihe von Publikationen der letzten Jahre wurden zahlreiche Methoden der Emittlung der Effektivität der Isotopen- und Strahlenforschung bzw. -technik vorgeschlagen, sie umfassen jedoch immer unterschiedliche Gerätegruppen, unterschiedliche Aspekte ihrer Anwendung oder berücksichtigen verschiedene Phasen des Reproduktionsprozesses [2–5] der Volkswirtschaft.

Unterschiedliche Phasen des Reproduktionsprozesses und verschiedene Zeiträume sind gemeint, wenn wir von der Effektivität der Isotopen- und Strahlen*forschung* oder von der Effektivität der Isotopen- und Strahlen*technik* sprechen. Im ersten Fall meinen wir die Gegenüberstellung des Aufwandes für die Isotopenforschung (Grundlagenforschung und angewandte Forschung) im breiteren volkswirtschaftlichen Sinne mit der Summe der Effekte, welche über eine längere Zeitspanne infolge der Anwendung der Geräte, Methoden und Verfahren der Isotopen- und Strahlentechnik erwirtschaftet wurden. Ein solches Herangehen im breiten internationalen Rahmen wird in der Arbeit [4] beschrieben. Die Effektivität der Isotopentechnik umfaßt den Vergleich der Kosten des Herstellers oder des Anwenders und des vorwiegend ökonomischen Effektes (Gewinns) je Einheit des angewandten Gerätes, Verfahrens oder der Methode oder ihrer komplexen Anwendung. In diesem Fall geht es um die Ermittlung der Effektivität der neuen Technik oder Investitionen. Solche Methoden verwenden bei der Effektivitätsermittlung verschiedene Gerätegruppen (*Pasteschnik* [3], *Akopow* [2], *Zymlow* [5] u. a.). Beide Effektivitätswerte basieren auf der Gegenüberstellung von Aufwand und Nutzen, beide umfassen analoge ökonomische Inhalte, ihre Aussagen jedoch berühren unterschiedliche Aspekte der Anwendung der Isotopentechnik in der Volkswirtschaft und umfassen verschiedene Phasen des Reproduktionsprozesses. Die Vielfältigkeit der Aspekte bei der Effektivitätsermittlung und ihre Interdependenz erschwert die Erarbeitung einer einheitlichen Methodik. Die Aspekte der Effektivitätsanalyse verdeutlicht Tab. 1.

3. Die Effektivitätsanalyse der Isotopentechnik und der Reproduktionsprozeß

Die Emittlung der Effektivität der Isotopenforschung und -technik in der Volkswirtschaft setzt umfassende Kenntnisse über die spezifischen Effekte von Geräten, Methoden und Verfahren und über den Aufwand für Forschung, Entwicklung, Produktion und Anwendung voraus. Die Effekte der Anwendung der Isotopentechnik in der gesamten Volkswirtschaft bewirken bei entsprechend niedrigerem gesellschaftlichem Aufwand einen Zuwachs des Nationaleinkommens. Eine Effektivitätsanalyse der Isotopentechnik unter dem Aspekt des volkswirtschaftlichen Reproduktionsprozesses umfaßt die gesamte Volkswirtschaft über eine längere Zeitspanne. Sie setzt ausreichendes statistisches Material voraus, bei welchem die Ermittlung einer Reihe von Parametern möglich wird, z. B. [6–8]:

$$E = R \cdot M \cdot P - A_n(1 + E_n)$$

wobei

- E = Effekt der Anwendung der Isotopentechnik in der Volkswirtschaft
- R = Effekt der Anwendung einer Methode, eines Gerätes oder eines Verfahrens
- M = Umfang der Anwendung, d. h. Zahl der Methoden, Geräte und Verfahren in der gesamten Volkswirtschaft
- P = Wahrscheinlichkeit der Erreichung des geplanten Effektes in Abhängigkeit von der Etappe des Reproduktionsprozesses
- $A_n(1 + E_n)$ = gesellschaftlicher Aufwand P für alle Etappen der Forschung, Entwicklung, Produktion und Anwendung der Isotopentechnik einschließlich des Aufwands für die erweiterte Reproduktion der Grundmittel.

Die Effekte der Anwendung der Isotopentechnik in allen Bereichen der Volkswirtschaft können in folgender Formel ausgedrückt werden:

$$E_{\text{VW}} = \sum_{i=1}^{n} E_i \cdot M_i \cdot P_i - A_n(1 + E_n)_i \quad (2)$$

wobei

- E_{VW} = Effekte der gesamten Volkswirtschaft aus der Anwendung der Isotopentechnik in „i" Zweigen ($i = 1 \ldots n$)
- E_i = Effekt des Bereiches „i" aus der Anwendung der Isotopentechnik
- M_i = Anteil des Bereiches „i" an der Volkswirtschaft oder Umfang der Anwendung der Isotopentechnik im Bereich „i"
- P_i = Wahrscheinlichkeit der Erreichung des geplanten Effektes, des Umfanges der Anwendung oder der Produktionsparameter im Bereich „i" der Volkswirtschaft

Tab. 1. Aspekte der Effektivitätsanalyse der Isotopen- und Strahlenforschung und -technik

Phasen und Etappen des Reproduktionsprozesses	Art des Nutzens oder des Effektes	Art der Isotopentechnik	Zuordnung der Effekte	Umfang der Analyse
Forschung	ökonomische Effekte	Isotopengeräte	Forschungs- u. Entwicklungseinrichtung	elementare Anwendung – eine Einheit
Entwicklung				komplexe Anwendung
Produktion bzw. Herstellung	Effekte ohne unmittelbaren ökon. Inhalt	Isotopenmethoden, Tracertechnik	Hersteller oder Produzent	Betrieb Zweig der Volkswirtschaft
Anwendung		Verfahren u. Technologien d. Strahlentechnik	Anwender	Land internationaler Vergleich

$A_n(1 + E_n)_i$ = gesamter gesellschaftlicher Aufwand für die Isotopentechnik in der Volkswirtschaft einschließlich des zusätzlichen Aufwands für die erweiterte Reproduktion der Grundmittel.

Wie aus den Formeln (1) und (2) hervorgeht, sind die Effekte je Einheit der Anwendung eines Gerätes, einer Methode oder eines Verfahrens sowie der Umfang der Anwendungen für die Ermittlung der Effektivität die entscheidenden Ausgangswerte. Die Quelle der Effekte ist die Senkung des gesellschaftlichen Aufwandes bei der Forschung, Entwicklung, Herstellung und bei der Anwendung der Isotopentechnik in den einzelnen Bereichen der Volkswirtschaft. Der ökonomische Inhalt der Effekte der Isotopentechnik kann beschrieben werden als die Differenz des gesellschaftlichen Aufwandes bzw. die Selbstkostendifferenz $(S_1 - S_2)$ in den produktiven Bereichen der Volkswirtschaft bei Anwendung neuer Verfahren und Geräte der Isotopentechnik. Im Maßstab der gesamten Volkswirtschaft können diese Effekte wie folgt ausgedrückt werden:

$$E_{\mathrm{IST}} = \sum_{i=1}^{n} (S_1 - S_2)_i \cdot U_i \qquad (3)$$

wobei

E_{IST} = Effekte der Isotopen- und Strahlentechnik in der Volkswirtschaft, bestehend aus i Bereichen ($i = 1 \dots n$)

$(S_1 - S_2)_i$ = Differenz des gesellschaftlichen Aufwandes oder der Selbstkosten bei der Anwendung der Geräte, Methoden und Verfahren der Isotopentechnik

U_i = Umfang der Anwendung der Isotopengeräte, -methoden und -verfahren in den „i" Zweigen der Volkswirtschaft ($i = 1 \dots n$).

Verfolgen wir das Ziel, die Effektivität der Isotopentechnik komplex in allen Etappen des volkswirtschaftlichen Reproduktionsprozesses erfassen zu wollen, so müssen wir den *gesamten* gesellschaftlichen Aufwand dieser Technik ermitteln:

$$A_{\mathrm{IST}} = \sum_{i=1}^{n} (G_i + A_i + E_i + P_i + N_i) \qquad (4)$$

wobei

A_{IST} = gesellschaftlicher Aufwand der Volkswirtschaft für die Isotopentechnik

G_i = Aufwand für den Anteil der Grundlagenforschung bei der Entwicklung der Isotopentechnik für ihre Anwendung in „i" Bereichen ($i = 1 \dots n$)

A_i, E_i, P_i, N_i = Aufwand für die angewandte Forschung, Projektierung und Entwicklung, Herstellung und Anwendung der Isotopentechnik in den „i" Bereichen der Volkswirtschaft.

Die auf eine solche Weise durchgeführte Analyse des Aufwandes und des Nutzens der Isotopen- und Strahlentechnik gestattet es, die einzelnen Etappen des Reproduktionsprozesses *komplex*, d. h. im gesamten Forschung-Überführung-Produktion-Anwendung-Zyklus zu erfassen und somit eine bessere Genauigkeit und Vollständigkeit bei der Ermittlung der Aufwandselemente und der Effekte zu erreichen. Die Verfolgung der beschriebenen Parameter über eine längere Zeitspanne verdeutlicht ihre Veränderung und die Entwicklungstendenzen.

Nur eine quantifizierte Analyse einzelner Parameter des Aufwandes und des Nutzens über eine längere Zeitspanne bringt den Generationswechsel bei den Isotopengeräten, Methoden und Verfahren, die Zweckmäßigkeit bestimmter Forschungsrichtungen und Entwicklungslinien, die Besonderheiten und Schwierigkeiten der Überführungsprozesse und den volkswirtschaftlichen Stellenwert der Isotopentechnik zum Ausdruck.

Die Komplexität der Analyse setzt die Berücksichtigung des gesamten Zyklus des Reproduktionsprozesses der einzelnen Geräte, Verfahren und Methoden (I), die Integration des Aufwandes und der Effekte der Isotopentechnik in der Volkswirtschaft (II) und den Generationswechsel der Geräte, Verfahren und Methoden der Isotopentechnik in ihrer langfristigen Entwicklung (III) voraus.

I) Jedes Gerät, jedes Verfahren und jede Methode der Isotopen- und Strahlentechnik durchläuft hinsichtlich ihrer ökonomischen volkswirtschaftlichen Relevanz etwa folgende Etappen:

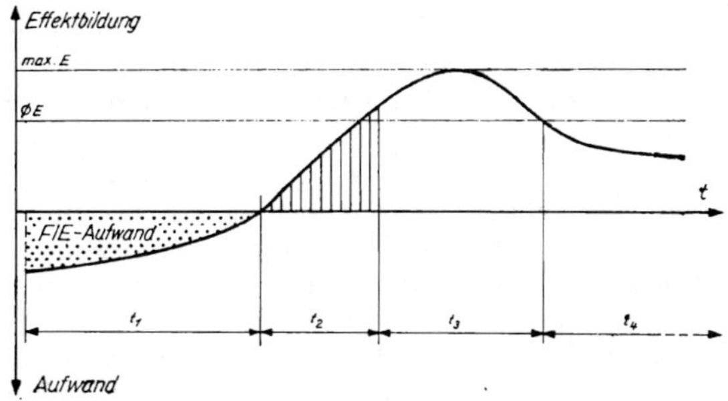

(5)

In der vorliegenden graphischen Interpretation des Verlaufs der Einführung der Isotopentechnik in die Volkswirtschaft und die Bildung des Effektes wird in der Periode t_1 ein neues Gerät, ein neues Verfahren oder eine neue Methode entwickelt und in die Praxis übergeführt. In der Periode $t_2 + t_3 + t_4$ entstehen volkswirtschaftliche Effekte als Differenz des Nutzens und des gesellschaftlichen Aufwandes, wobei in der Zeitperiode t_2 der Aufwand für Forschung und Entwicklung sowie Überführung von dem gesamten Effekt abgezogen wird. Nach der Erreichung des Zeitpunktes der durchschnittlichen ökonomischen Effektivität ($\varnothing E$) muß eine Verbesserung der vorhandenen Technik oder ihr Ersatz durch eine neue Generation von Geräten erfolgen.

II) Die Ermittlung des Effektivitätskoeffizienten aus der Gegenüberstellung des Aufwandes und der Effekte der Isotopentechnik im gesamten Reproduktionsprozeß der Volkswirtschaft über eine längere Zeitspanne läßt sich auf die Lösung folgender Integrale zurückführen (6):

$$E_{\mathrm{IST}} = \frac{\int_{t_1}^{t_2} N(t)\,\mathrm{d}t}{\int_{t_0}^{t_2} A(t)\,\mathrm{d}t} \qquad (6)$$

wobei

E_{IST} = Effektivität der Isotopentechnik in der Volkswirtschaft

$N(t)$ = Nutzen der Produktion und Anwendung der Isotopentechnik in der Volkswirtschaft

$A(t)$ = Aufwand für die Isotopentechnik in allen Etappen des Reproduktionszyklus

t_0 = Beginn der Forschungsarbeit auf dem Gebiet der Isotopen- und Strahlentechnik
t_1 = Beginn der Erwirtschaftung der Effekte
t_2 = die zu untersuchende Zeitperiode.

Graphisch dargestellt:

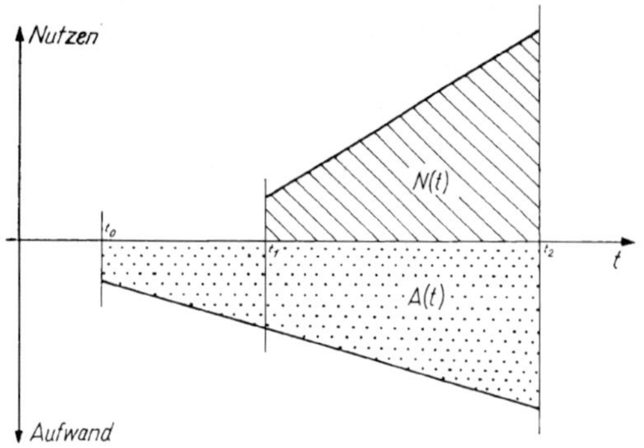

(7)

Es ist selbstverständlich, daß der Integralwert selbst und die ihn abgrenzenden Funktionen eine Summe verschiedener volkswirtschaftlicher Strukturen und dynamischer Vorgänge darstellt. Seine Verwendung soll hier nicht im Sinne einer streng mathematischen Interpretation, sondern lediglich zur Verdeutlichung einer komplexen Summe von Effekten und Anwendungen der Isotopentechnik dienen.

(III) Die Substitution der älteren Technik durch die neue, der Generationswechsel in der Isotopentechnik, wird sichtbar, wenn eine längere Periode und der gesamte Prozeß der volkswirtschaftlichen Reproduktion der Isotopentechnik zum Gegenstand einer systematischen Untersuchung gemacht werden. Analog der oben angeführten Integraldarstellung verlaufen die Prozesse der Einführung neuer Generationen von Isotopengeräten in die Volkswirtschaft bei der Berücksichtigung ihres Aufwand-Nutzen-Verhältnisses etwa wie folgt:

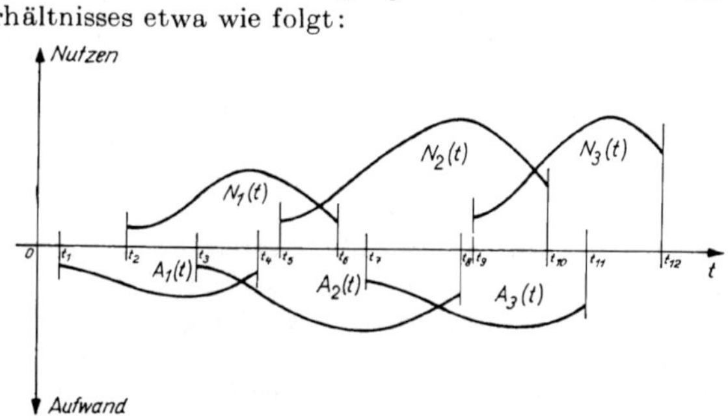

(8)

wobei gilt:

$$\frac{N_1}{A_1} < \frac{N_2}{A_2} < \frac{N_3}{A_3} \tag{9}$$

oder

$$\frac{\int_{t_2}^{t_6} N_1(t)\,dt}{\int_{t_1}^{t_4} A_1(t)\,dt} < \frac{\int_{t_5}^{t_{10}} N_2(t)\,dt}{\int_{t_3}^{t_8} A_2(t)\,dt} < \frac{\int_{t_9}^{t_{12}} N_3(t)\,dt}{\int_{t_7}^{t_{11}} A_3(t)\,dt} \tag{10}$$

Nur unter diesen Bedingungen bringen neue Generationen von Isotopengeräten, -methoden und -verfahren einen realen volkswirtschaftlichen Nutzen. Ein direkter Ausdruck des Wirkungsgrades dieses Prozesses für die Volkswirtschaft ist der Zuwachs an Nationaleinkommen. In der ökonomischen Literatur wird der Lösung solcher Aufgaben große Beachtung geschenkt [9–11]. Die Hauptprobleme liegen dabei in der Vervollkommnung der Methoden zur Fixierung von Aufwand und Nutzen zu einem Zeitpunkt oder in einer Periode sowie eine richtige Zuordnung dieser Werte. In unmittelbarer Verbindung damit steht die Frage der Realisierungszeit des neuen Isotopengerätes oder der Technologie (Forschung – Entwicklung – Herstellung) oder die Dauer ihrer Anwendung (Herstellung – Anwendung), d. h. die Dauer der Realisierung des Effektes.

Bei verschiedenen Analysen der Effektivität der Isotopentechnik werden folgende Zeitspannen untersucht:

- die gesamte Periode von der Entwicklung bis zur Herstellung und Erreichung des Zeitpunktes des moralischen Verschleißes;
- vom Beginn der Anwendung bis zur Entwicklung einer neuen Lösung mit analoger Aufgabenstellung;
- vom Beginn der Anwendung bis zu einer weiten Verbreitung der neuen Technik in der Volkswirtschaft und Bildung der neuen Preise;
- von der Forschung über die gesamte Periode der Produktion und Anwendung der Isotopentechnik in der Volkswirtschaft.

Für die Analyse der Effektivität der Isotopentechnik im gesamten volkswirtschaftlichen Reproduktionsprozeß erscheint es uns zweckmäßig, zwei Zeitpunkte für die Begrenzung der Anwendungsdauer einer Generation von Geräten, Methoden und Verfahren zugrunde zu legen: den Zeitpunkt des moralischen Verschleißes und der Sättigung der Volkswirtschaft. Die Dauer der Effektbildung und die Effektivität der neuen Technik hängen demzufolge von der Intensität des Entwicklungs- und Herstellungsprozesses, von der Organisation der Überführung und ihrer Breite ab.

Die rasche Überführung einer neuen Generation moderner Isotopengeräte in die Volkswirtschaft und ihre intensive Vorbereitung bis zur Sättigungsgrenze ist die wichtigste Voraussetzung für die Erreichung eines hohen volkswirtschaftlichen Effektes. Die Nutzungsperiode der neuen Isotopentechnik und ihre Effektivität hängen somit nicht nur von den technischen und technologischen Parametern dieser Technik ab, sondern von dem gesamten Reproduktionsprozeß der Volkswirtschaft, von der Bereitschaft und organisatorischen Voraussetzungen der Volkswirtschaft, diese Isotopentechnik zweckmäßig und schnell einzuführen.

4. Die sozialen und die ökonomischen Effekte der Anwendung der Isotopentechnik

Die Betonung der sozial-ökonomischen Orientierung des wissenschaftlich-technischen Fortschritts im Sozialismus bedingt, daß die Ergebnisse der Anwendung der neuen Technik in der Volkswirtschaft zunehmend nach den Parametern ihrer sozialökonomischen Effektivität beurteilt werden, da diese Effektivität das Hauptziel des wissenschaftlich-technischen Fortschritts der sozialistischen Gesellschaft ist. Die ökonomische Effektivität neuer Technik und ihre soziale oder gesamtgesellschaftliche Effektivität stehen in enger Wechselbeziehung zueinander, sind aber nicht identisch. In der letzten Zeit wird in den sozialistischen Ländern der Ermittlung der Ökonomie der gesellschaftlichen Arbeit als Ergebnis der sozialen Effekte neuer Technik große Beachtung geschenkt [12–14].

Die sozialen, gesellschaftlich relevanten Ergebnisse der Anwendung der Isotopentechnik in der Volkswirtschaft lassen sich nicht auf die ökonomischen Effekte zurückführen. Sie behalten ihre selbständige Bedeutung und können nur mit qualitativen, natürlichen Parametern beschrieben werden, wie z. B. die Ergebnisse der Isotopentechnik, welche der Verbesserung der Arbeitsbedingungen dienen (Senkung des Anteils der schweren körperlichen

Arbeit, Verbesserung der Gesundheit, höhere Qualifizierung der Arbeitskräfte), medizinische Effekte (Verbesserung der Diagnostik und der Therapie, Senkung der Sterblichkeit, Verkürzung der Krankheitsdauer u. a.) bzw. Verbesserung der Umweltbedingungen und der kulturellen und materiellen Lebensbedingungen der Bevölkerung.

Der ökonomische Ausdruck der gesamtgesellschaftlichen oder sozialen Effekte der Anwendung der Isotopentechnik umfaßt nicht vollständig ihre selbständige qualitative Bedeutung und Wichtigkeit. So kann z. B. ein neues Gerät, eine Methode oder ein Verfahren der Medizintechnik bei niedriger ökonomischer Effektivität eine große Bedeutung vom Standpunkt der sozialen Effektivität aufweisen. Die Entwicklung, Produktion und Anwendung der neuen Isotopentechnik mit hoher sozialer Effektivität ist in der Regel sehr teuer. Ihre Begründung und ihre Realisierung richten sich deshalb nach den ökonomischen Möglichkeiten der Gesellschaft, d. h., die sozialen Effekte der Isotopentechnik hängen vom ökonomischen Potential, von den ökonomischen Voraussetzungen der Gesellschaft ab. Wie kann die gesellschaftliche oder soziale Effektivität der neuen Technik definiert werden?

Im gesamtgesellschaftlichen Sinne bedeutet die soziale Effektivität denjenigen Anteil, welchen eine Einrichtung der Volkswirtschaft in die Realisierung des Zieles der sozialistischen Gesellschaft, entsprechend dem Grundgesetz des Sozialismus, einbringt. Im engeren Sinne charakterisiert die Effektivität die Beziehung der *Ergebnisse* der neuen Technik oder des beliebigen wirtschaftlichen oder wissenschaftlichen Prozesses zu den *Aufwendungen*, welche für die Erreichung dieses Ergebnisses notwendig waren.

Die Effekte der Anwendung der Isotopentechnik können deshalb in vielen Fällen als sozialökonomische Effekte betrachtet werden, da sie aus zwei eng miteinander verbundenen Komponenten bestehen — den ökonomischen und den sozialen. Daraus folgt, daß für eine Reihe von Anwendungen keine einheitlichen und eindeutigen Effektivitätswerte ermittelt werden können, da die Effektivität das Ergebnis der Gegenüberstellung der Summe der ökonomischen (quantitativ ermitteltbaren) und sozialen (nur qualitativen) Effekte und des Aufwandes darstellt. Diese Bedingung bestimmt die Richtungen der ökonomischen Analyse der Effektivität der Isotopentechnik in der Volkswirtschaft:

1) die Wahl der optimalen Variante der Isotopentechnik zur Erreichung des vorgegebenen sozialökonomischen Effektes,
2) die Ermittlung des Einflusses der sozialen und ökonomischen Effekte der Isotopentechnik auf alle Phasen des Prozesses der gesellschaftlichen Reproduktion.

Die Aufgaben der *ersten Gruppe* umfassen die Wahl einer konkreten Variante des Isotopengerätes, Verfahrens oder der Isotopenmethode mit dem Ziel, einen maximalen sozialen und ökonomischen Effekt zu erreichen. Die Methoden dieser Arbeit basieren auf der Theorie der Kapitalinvestitionen und der Variantenanalyse bei der Einführung neuer Technik und werden nur durch die Berücksichtigung des sozialen Effektes ergänzt.

Die Zielfunktion dieser Arbeit ist:

$$\frac{N_0}{A_0} < \frac{N_1}{A_1} < \frac{N_2}{A_2} \tag{11}$$

bei

$N_0\, N_0, N_2$ = Nutzen der aufeinanderfolgenden Generationen der Isotopengeräte

A_0, A_1, A_2 = analog der Aufwand.

Bei der Lösung der Aufgaben dieser Gruppe muß die wichtigste Bedingung des Variantenvergleiches eingehalten werden, die Bedingung der ,,Identität des Ergebnisses".

Die Aufgaben der *zweiten Gruppe* entstehen bei der Begründung der gewünschten sozialökonomischen Ergebnisse der Isotopentechnik in der Volkswirtschaft, bei der Planung und Bereitstellung der notwendigen finanziellen und materiellen Mittel sowie bei der Ermittlung der Effektivität der Investitionen für diese Technik, d. h. bei der Ermittlung und Analyse verschiedener Arten der Effekte im gesamten Zyklus des Reproduktionsprozesses. Die Methoden dieser Arbeit basieren auf der Theorie der Ermittlung der absoluten Effektivität der Investitionen und der neuen Technik. Sie ist nicht an das Prinzip der ,,Identität des Ergebnisses" gebunden.

Die Differenzierung der ökonomischen und der sozialen Effekte der Isotopentechnik hat für die Analyse der Effektivität dieses Zweiges der friedlichen Nutzung der Kernenergie eine große praktische Bedeutung. Die Gegenüberstellung des zusätzlichen Aufwandes für Entwicklung, Produktion und Anwendung neuer Isotopengeräte, Methoden und Verfahren und nur eines Teiles der Effekte — bei Nichtberücksichtigung der sozialen Effekte — verfälscht die Ergebnisse der Analyse und erschwert die Wahl der volkswirtschaftlich optimalen Varianten der neuen Technik. Das absolute und relative Wachstum des Aufwandes für die Gewinnung neuer sozialer oder gesamtgesellschaftlicher Ergebnisse wird im Falle der Isotopentechnik, im Unterschied zu den zahlreichen anderen Bereichen der industriellen Produktion, im wesentlichen durch die Einsparung des gesellschaftlichen Aufwandes infolge ihrer Anwendung (Steigerung des ökonomischen Effektes) ausgeglichen [4, 15]. Dennoch gilt auch für diesen Bereich der Volkswirtschaft die Forderung, durch qualitativ neue Geräte, Verfahren und Methoden der Isotopentechnik ein schnelleres Wachstum aller Bestandteile des sozialen und des ökonomischen Effektes zu erreichen. Die wichtigste Rolle fällt dabei dem ökonomischen Effekt zu. Die ökonomischen Effekte der Isotopentechnik entstehen, wenn auch mit unterschiedlichem ökonomischem Inhalt und auf verschiedener Grundlage, in allen Etappen des gesellschaftlichen Reproduktionsprozesses, ihre wesentlichen Anteile jedoch bei den Herstellern der Isotopentechnik und bei ihren Anwendern. Sie entstehen infolge der Senkung der Selbstkosten, der Einsparung an Energie, Material und Arbeitszeit, durch Verbesserung der Qualität des Erzeugnisses und Schaffung prinzipiell neuer Materialien, Verfahren und Erzeugnisse. Durch die Anwendung der Isotopentechnik können Produktionsprozesse komplex mechanisiert und automatisiert werden. Nicht zuletzt erreicht die Volkswirtschaft durch Export von Isotopen, Geräten und markierten Verbindungen hohen ökonomischen Nutzen.

5. Effektivität der verschiedenen Arten der Isotopentechnik

Für die Analyse der Effektivität der Isotopentechnik in der Volkswirtschaft unterteilen wir die technischen Lösungen in Übereinstimmung mit den Anforderungen der Praxis in drei Bereiche:

1) Isotopengeräte,
2) Isotopenmethoden, vorwiegend Tracermethoden,
3) Isotopenverfahren oder Technologien, vorwiegend Strahlentechnik und Radiographie.

(1) Die Messung der Parameter der Strahlung gestattet es, sowohl Informationen über die Strahlung und ihre Quellen als auch über die Eigenschaften von Stoffen zu erhalten. Dank der Ausnutzung verschiedener Effekte der Wechselwirkung zwischen Strahlung und Stoffen werden Isotopengeräte, Methoden und Verfahren zur Messung unterschiedlicher physikalischer, chemischer und mechanischer Parameter von Stoffen und Prozessen entwickelt. Sie bieten die Möglichkeit, die räumliche und zeitliche Verteilung von Stoffen in verschiedenen Stoffsystemen zu ermitteln und zu kontrollieren und dienen somit als Grundlage der komplexen Automatisierung. Die Hauptvorteile der Isotopengeräte sind: Unabhängigkeit der Strahlenquelle und des Detektors von dem Medium und von den äußeren Bedingungen, Kontaktlosigkeit, lange Einsatzzeit des Systems bei Wahl eines Isotopes mit einer langen Halbwertszeit, Möglichkeit der Anwendung in gesundheitsschädlichen und gefährlichen Prozessen, Universalität der Meßprinzipien und der Meßapparaturen, Ergebnis der Messung in Form eines elektrischen Signals und somit Möglichkeit der EDV-Bearbeitung und Steuerung des Meß- oder des Produktionsprozesses. Angewendet in Kombination mit anderen Meß- und Regelverfahren und Geräten gestatten es, die Isotopengeräte bei einer Reihe von Produktionsprozessen, das Arbeitsregime stabil zu gestalten (Dicke, Masse, Niveau, Dichte) und Material, Energie und Arbeitszeit zu sparen. Eine sehr hohe Meßgenauigkeit und Empfindlichkeit der Isotopengeräte gestattet die Durchführung von Elementanalysen in Stoffgemischen, die Ermittlung von Defekten und die Qualitätskontrolle.

Unterschiedliche Werte zur Analyse der Effektivität der Isotopengeräte sind zu ermitteln in Abhängigkeit davon, ob es sich um Forschung, Herstellung der Geräte oder ihre Anwendung in der Volkswirtschaft handelt. Auch bei der Ermittlung der notwendigen Werte des Effektes und des Aufwandes unterschiedlicher Isotopengeräte gibt es methodische und inhaltliche Unterschiede. Eine einheitliche Methodik für die Erfassung aller Elemente von Aufwand und Nutzen der Isotopengeräte in Abhängigkeit von ihrer Art und ihrer Stellung im Zyklus des gesellschaftlichen Reproduktionsprozesses wurde bisher noch nicht erarbeitet. In den Arbeiten [2–5, 8] werden lediglich einige Aspekte einer solchen Methodik für verschiedene Gerätegruppen behandelt.

(2) Die Isotopenmethoden (Tracermethoden) gestatten es, in Kombination mit verschiedenen Meßverfahren, die örtlichen, zeitlichen oder stofflichen Parameter von Objekten und Prozessen zu bestimmen. Sie werden zur Aufklärung von Prozessen in vielen Bereichen der Volkswirtschaft verwendet. Ihre Effekte sind ökonomischer und sozialer Natur. Ihre Anwendung in der Medizin, Biologie, Landwirtschaft, Ökologie, Hydrologie, Geologie bewirkt vorwiegend die Entstehung von sozialen, gesamtgesellschaftlichen Effekten, während in der chemischen Technologie, Industrieanalytik, Verschleißmessung u. a. Bereichen der Volkswirtschaft ökonomische Effekte entstehen. Die Ausarbeitung der Methodik zur Ermittlung der Effektivität der Tracertechnik befindet sich erst im Anfangsstadium [16]. Die Aufwandsparameter bei einigen Anwendungen der Tracertechnik lassen sich mit einer relativ hohen Genauigkeit ermitteln. Weit komplizierter und oftmals undurchführbar ist eine exakte quantitative Ermittlung des Nutzens der Tracertechnik. Oft alternativlos, vorwiegend auf eine *einmalige* Aufklärung des Prozesses, die Ermittlung eines Parameters oder Behebung eines Schadens gerichtet, entziehen sich die Methoden der Tracertechnik einer exakten ökonomischen Analyse. Eine Ausnahme bilden hier die Methoden der Verschleißmessung, wo etwa gleiche Methoden lediglich modifiziert über eine längere Zeitperiode bei verschiedenen Fragestellungen Verwendung finden.

(3) Unter Verfahren oder Technologien der Isotopentechnik verstehen wir die Strahlentechnik, d. h. die Nutzung der ioniesierenden Strahlung zur Veränderung der Eigenschaften von Stoffen bzw. als Prozeßparameter und die Nutzung der Strahlung in der Radiographie oder Defektoskopie. Die Methoden der Ermittlung der Effektivität der Anwendung der Verfahren der Radiographie und Defektoskopie sowie die hierfür notwendigen Werte des Aufwandes und des Nutzens wurden ausführlich in den Arbeiten [2, 3, 8] beschrieben. Auch die Nutzung der Strahlentechnik in der chemischen Technologie, zur Lebensmittelbestrahlung, für Sterilisationsprozesse wurde in einer Reihe von Publikationen einer Effektivitätsanalyse unterzogen [17, 18]. Die Ermittlung der Effektivität der medizinischen Anwendung von Strahlenquellen ist infolge des Auftretens von quantitativ nicht ermittelbaren sozialen Effektelementen z. Z. noch nicht möglich.

6. Zuordnung der Effekte der Isotopentechnik

Die Effekte der Isotopen- und Strahlentechnik werden realisiert im Bereich der *Forschung*, beim *Hersteller* der neuen Technik und/oder beim *Anwender*. Weitere Effekte entstehen infolge der kostengünstigen Produktion aus dem Export der Isotopentechnik. Die Ermittlung der Effekte aus der Anwendung der Isotopen- und Strahlentechnik in den Forschungsprozessen verschiedener Forschungseinrichtungen ist nur dann methodisch realisierbar, wenn der Forschungsprozeß als ein technologischer Prozeß, bestehend aus kreativen und Routineprozessen, betrachtet werden kann. Dank der Anwendung alternativloser Geräte, Verfahren und Methoden der Isotopentechnik gewinnen die Wissenschaftler neue Erkenntnisse über die zu untersuchenden Objekte und Prozesse, bekommen die Möglichkeit, ihre Forschungsarbeit schneller und mit höherer Qualität durchzuführen und erreichen Einsparung an Arbeitszeit, Material, Energie und anderen Elementen des Aufwandes. Die Selbstkosten ihrer Forschungsarbeit können damit gesenkt werden. Einige Versuche zur Ermittlung der Effektivität der Isotopentechnik in einer Forschungseinrichtung wurden in den Arbeiten [16, 19, 20] beschrieben. Sie enthalten jedoch lediglich eine relativ begrenzte Darlegung der ökonomischen Zusammenhänge eines Forschungsprozesses bzw. eines Forschungsprogramms. Wenn die Ermittlung des Aufwandes für die Durchführung von Forschungsvorhaben relativ einfach ist, stellt uns die Errechnung des Effektes der Anwendung von Isotopengeräten und -methoden im Forschungsprozeß vor eine Reihe methodisch schwieriger Probleme. Eine einheitliche Methodik hierfür gibt es nicht und kann es auch nicht geben, da die Forschungsprozesse in jedem konkreten Fall unterschiedlich verlaufen. Bei der Anwendung der Isotopentechnik in der medizinischen oder ökologischen Forschung z. B. sind die Effekte sozialer oder gesamtgesellschaftlicher Art und lassen sich nur qualitativ beschreiben.

Auch bei rein ökonomischen Effekten der Anwendung der Isotopentechnik in der Forschung ist eine eindeutige Zuordnung des Aufwandes und der Effekte nach dem Prinzip der „Identität der Ergebnisse“ sehr kompliziert. Deshalb soll u. E. der Entwicklung einer praktikablen Methodik zur Erfassung der Effekte der Isotopentechnik in der Forschung in der Zukunft eine größere Aufmerksamkeit geschenkt werden. Diese Arbeit soll auf den bereits vorhandenen prinzipiellen Lösungen der Methodik zur Ermittlung der Effektivität der neuen Technik und der Investitionen aufbauen.

Der volkswirtschaftliche sozial-ökonomische Effekt zeigt, welche Vorteile die Gesellschaft von der Erarbeitung und Anwendung neuer Technik bekommt. Der betriebliche sozialökonomische Effekt zeigt, welche Vorteile — bei Sicherung der festgelegten sozialen Standards und ausgedrückt in den Ergebnissen der wirtschaftlichen Tätigkeit — Herstellerbetrieb und Anwender davon haben. In der wirtschaftlichen Praxis wird der gesamtgesellschaftliche sozialökonomische Effekt in den betrieblichen sozialökonomischen Effekten realisiert.

Die Steigerung der volkswirtschaftlichen Effektivität der Isotopen- und Strahlentechnik kann jedoch nicht auf die Sicherung der positiven Differenz zwischen den Effekten bei den Nutzern und dem Aufwand für die Forschung, Entwicklung und Herstellung dieser Technik zurückgeführt werden. Der Aufwand für Forschung, Entwicklung und Produktion der Isotopentechnik muß sich in einer bestimmten Proportion zu den Effekten dieser Technik bei ihrer Anwendung in der Volkswirtschaft befinden. Eine wichtige Frage von Theorie, Methodik und Praxis ist dabei die, in welchem Umfang und in welcher Proportion der Zuwachs an Effekten des Nutzers eine Steigerung des relativen Aufwandes bei der Herstellung dieser Technik rechtfertigt, wie sich diese Proportionen gestalten und ob es hierfür bestimmte Normative gibt.

Die ökonomische Effektivität der neuen Geräte, Verfahren und Methoden der Isotopentechnik kann auf gleiche Weise ermittelt werden, wie die Effektivität neuer Technik überhaupt. Die in der UdSSR erarbeitete Methodik ist u. E. für diesen Zweck gut geeignet [10, 21]. In ihr wird folgende Formel verwendet:

$$E = \left[A_1 \cdot \frac{B_2}{B_1} \cdot \frac{P_1 + E_n}{P_2 + E_n} + \frac{(K_1^1 - K_2^1) - E_n(I_2^1 - I_1^1)}{P_2 + E_n} - A_2\right] \cdot U_2 \quad (12)$$

wobei:

E = ökonomischer Effekt bei dem Hersteller und Anwender pro Jahr (gerechnet für die gesamte Zeit der Anwendung)

A_1, A_2 = Kosten (Aufwand) für eine Einheit des Gerätes, der Methode oder des Verfahrens pro Jahr bei der alten und neuen Technik

B_1, B_2 = Jahresproduktion je Einheit der alten und der neuen Technik in natürlichen Werten, B_2/B_1-Koeffizient der Steigerung der Produktionivität der neuen Technik im Vergleich mit der alten (α)

$\frac{P_1 - E_n}{P_2 + E_n}$ = Koeffizient der Veränderung der Einsatzdauer der neuen Technik im Vergleich mit der alten (β), P_1, P_2 — Abschreibungen der Varianten pro Jahr

E_n = Normativkoeffizient der Effektivität der Technik (0,15)

K_1^1, K_2^2 = jährliche Betriebskosten des Nutzers bei der Anwendung der alten und neuen Variante der Technik unter Berücksichtigung des Produktionsumfanges mit der neuen Technik ($K_1^1 - K_2^1 = \Delta K$)

I_1, I_2 = Investitionen oder Grundmittelaufwand (ohne Kosten der Arbeitsmittel) des Anwenders bei der neuen und alten Technik bei dem Produktionsumfang mit der neuen Technik ($I_2 - I_1 = \Delta I$)

U_2 = Menge der produzierten neuen Geräte, Methoden und Verfahren pro Jahr.

Die Grundelemente dieser Formel werden in fast allen methodischen Unterlagen und Analysen verwendet. Sie verbinden den gesamtgesellschaftlichen Aufwand mit den beiden Bestandteilen des Effektes, dem des Herstellers und dem des Anwenders, bestimmen allerdings nicht die optimale Struktur der Effekte und des zusätzlichen Aufwandes für ihre Erreichung. Die Bestandteile des Effektes sind die Veränderung des einmaligen Aufwandes ($A_1 \cdot \alpha \cdot \beta - A_2$), der Betriebskosten ($K_1 - K_2$) und der Investitionen ($I_2 - I_1$) des Anwenders. Die Einsparung der Betriebskosten des Nutzers (ΔK) unterteilt man dabei in zwei Kategorien: 1.) ΔK_1 — das Ergebnis der Steigerung der Produktivität (Umfang der Produktion) des neuen Gerätes, der Methode oder des Verfahrens (α) und seiner Nutzungsdauer (β) und 2.) ΔK_2 — das Ergebnis der Verbesserung anderer Parameter der neuen Technik (Verbesserung des Wirkungsgrades, Material und Energieeinsparung, Senkung des Aufwandes an Arbeitszeit, Verbesserung der Qualität u. a.). Die Notwendigkeit, den zusätzlichen Aufwand für die Entwicklung und Produktion neuer Isotopentechnik zu limitieren und mit dem potentiellen Nutzen zu vergleichen, resultiert aus der besonders breiten Anwendung dieser Technik in der Volkswirtschaft und der zunehmenden Bedeutung der sozialen, gesamtgesellschaftlichen Effekte. Eine weitere Schwierigkeit bereitet die Erreichung der Vergleichbarkeit der Varianten, wenn qualitative Unterschiede in den Nutzungsparametern oder gar ihre Alternativlosigkeit in Frage kommen [22]. In solchen Fällen verwendet man differenzierte Methoden der Analyse, wie z. B.:

- Aufgliederung des Funktionskomplexes eines Gerätes, einer Methode oder eines Verfahrens auf die einzelnen Funktionen,
- Vergleich der Varianten nach einem einheitlichen Leistungsumfang,
- Vergleich der Varianten nach dem qualitativ neuen Parameter,
- Vergleich der Varianten nach ihrer Umweltbelastung (bei der Arbeit mit radioaktiven Stoffen ein sehr wesentlicher Parameter),
- bei einigen Verfahren können die Parameter der relativen Effektivität des zusätzlichen Aufwands bzw. das Minimum des relativen Preises verwendet werden nach der Formel:

$$E_r = \frac{\Delta P_n}{\Delta A_n} \quad (13)$$

E_r = relative Effektivität des zusätzlichen Aufwandes

ΔP_n = Verbesserung des zu analysierenden Parameters in %;

$$\Delta P_n = \frac{P_a - P_n}{P_n} \cdot 100\%$$

ΔA_n = relative Erhöhung des zusätzlichen Aufwandes für die Erreichung des neuen Parameters;

$$\Delta A_n = \frac{A_a - A_n}{A_n} \cdot 100\%$$

Tab. 2. Aspekte, Parameter und Aussagen des Effektivitätskoeffizienten der Isotopenforschung und -technik (ISF/T = Isotopen- u. Strahlenforschung u. -technik)

Aspekte des Eff.-Koeff.	Parameter u. Aussagen d. Eff. Koeff.		
	Parameter des Aufwandes	Parameter der Effekte	Aussagen des Effektivitätskoeff.
Phasen und Etappen des Reproduk.-Prozesses	Aufwand für F/E der gesamten Volkswirtschaft, Struktur des Aufwandes, Aufwand für Produk. u. Anwendg., Export, Import, Investitionen der ISF/T, Gesamtpotential des Landes und seine Struktur	volkswirtschaftl. Gesamteffekte der ISF/T über längere Periode, Struktur d. Effekte	langfristige Entwicklungstendenzen des Gebietes, volkswirtschaftl. Stellung u. Bedeutung d. ISF/T, wissenschaftl. u. techn. Politik u. Entwicklg. d. Länder, intern. Zusammenarbeit, Struktur d. KF/KT
Art des Effektes	ökonom. Bestandteile des Aufwandes (Selbstkosten), soziale Bestandteile des Aufwandes (Ausbildung, Umwelt, Verteidigung, Medizin)	betriebl., ökonom. Effekte (Senkung d. Selbstkosten, Erh. d. Arbeitsproduktivität u. Qualität), soziale Effekte, gesamtgesell.	Verdeutlichung d. **sozialen** Elemente d. ISF/T, Wechselbeziehungen zwischen der gesamtgesell. u. betrieblichen Effektivität, langfristige Entwicklungskonzeption d. Volkswirtschaft u. d. friedl. Nutzung d. AE
Art der Isotopentechnik	Kosten für F/E, Produktion u. Anwendung d. Geräte, Verfahren, Methoden; -Betriebskosten, Investitionen, einmalige Kosten	Effekte d. Produktion u. Anwendung d. Geräte, d. Verfahren u. Methoden (Isotopengeräte, Tracermethoden, Strahlentechn. u. Radiographie)	Entscheidung über F/E, Produktion u. Anwendung d. Geräte, Verfahren u. Methoden auf β) **betrieblicher** Ebene, Preiskalkulationen, Weltstandsvergleich, Export, Import
Zuordnung d. Effekte	Kosten d. F/E, Kosten bei Produktion, Kosten bei Anwendg., Investitionen, Betriebskosten	Nutzen bzw. Effekt bei F/E, Effekt bei Prod., Effekt bei Anwendg., Senkung d. Selbstkosten, Steigerung d. Arbeitsproduktivität, Verbesserg. d. Qualität	Wechselbez. d. **volkswirtschaft.** u. d. **betriebl.** Effektivität, volkswirtsch. Entscheidg. über Prod. zu. Anwendg. d. IST, Aufwandsnormative u. Limits, Preispolitik
Umfang d. Analyse	Kosten je Einheit des Gerätes, Verfahrens o. Methode, Kosten je Betrieb, Zweig, Volkswirtsch. insgesamt, RGW-Länder, kap. Länder	Effekte je Einheit des Gerätes, Verfahrens o. Methode, je Betrieb, Zweig, Volksw. RGW, kap. Länder	Übergang v. elementaren Kosten-Nutzen-Analyse d. ISF/T zu nationalen u. internationalen, intern. Zusammenarbeit u. Kooperation

In der wirtschaftlichen Praxis lassen sich die Fragen des Vergleichs der unterschiedlichen Varianten der Isotopengeräte, -verfahren und -methoden nicht immer mathematisch lösen. Bei der Wahl eines technischen Systems der Isotopentechnik müssen deshalb qualitative technisch-ökonomische Analysen im Gesamtsystem Hersteller—Anwender vorgenommen werden.

7. Umfang der Analyse

Die Grundlage für die Ermittlung der Anwendung der Isotopentechnik in der Volkswirtschaft bildet die Analyse des Aufwandes und der Effekte je *Einheit des Gerätes*, des Verfahrens oder der Methode. Die unterschiedlichen Bedingungen des Einsatzes, verschiedener Produktions- oder Leistungsumfang, komplexe Anwendung der Isotopentechnik und andere Bedingungen verlangen nach einer allgemeineren Ebene der Betrachtung des Aufwandes und des Nutzens, um 1.) die Bedingungen der Vergleichbarkeit der Varianten und der „Identität des Ergebnisses" erfüllen zu können, 2.) die Effektivität der Isotopentechnik auf der Ebene eines Betriebes oder eines Zweiges zu ermitteln und mit analogen internationalen Werten vergleichen zu können und 3.) im Ergebnis der Zusammenfassung der Effekte und des Aufwandes einzelner Zweige der Volkswirtschaft Aussagen über die volkswirtschaftliche Effektivität der Isotopenforschung und Isotopentechnik insgesamt treffen zu können.

Auf den einzelnen Ebenen der Analyse haben unterschiedliche Parameter des Aufwandes und verschiedene Effekte Priorität. Die Aussagen des Effektivitätskoeffizienten auf einer höheren Stufe der Analyse sind nicht eine einfache Summe der Aussagen der Elementaranalysen, sie beinhalten Effekte der komplexen Anwendung der Isotopentechnik in der Volkswirtschaft, auch die sozialen Effekte.

Die methodische Betrachtung der einzelnen Aspekte der Effektivität der Isotopentechnik in der Volkswirtschaft hat gezeigt, daß in Abhängigkeit von dem jeweiligen Aspekt verschiedene Parameter des Aufwandes und des Nutzens ermittelt werden müssen und daß der jeweilige Effektivitätskoeffizient unterschiedliche Aussagen enthält. Die gemeinsame theoretische Vertiefung und Abstimmung der Methoden zur Ermittlung des Aufwandes und des Nutzens der Isotopentechnik und der Isotopenforschung in allen dargelegten Aspekten (Tab. 2) wird wesentlich zur Vertiefung der Zusammenarbeit der Länder des RGW auf dem Gebiet der Isotopentechnik beitragen können.

Eingegangen am 24. 9. 1980

Literatur

[1] *A. M. Petrosjanz*, Kernenergie 19 (1976) 143

[2] *В. С. Аконов, Ю. Н. Мымрин, В. И. Постников*, Методика технико-экономического анализа применения радиоизотопных средств контроля в технике. Атомиздат, Москва 1974, 198

[3] *Л. А. Пасечник*, Экономическая эффективность применения радиоактивных изотопов в промышленности. Киев, Наукова Думка 1969

[4] *L. Jankowski*, Kernforschung und Kerntechnik – volkswirtschaftliche Bedeutung, Potential und Effektivität. ZfI, Leipzig 1975, 399 S.

[5] *Д. М. Цымлов*, Радиоизотопная техника в повышении эффективности производства. Атомиздат, Москва 1976, 71

[6] *W. W. Nowoschilow*, Die Messung von Aufwand und Ergebnis. Verlag Die Wirtschaft, Berlin 1970, S. 51

[7] *L. Riha*, Wissenschaftlich-technischer Fortschritt und ökonomischer Nutzen. Verlag Die Wirtschaft, Berlin 1967, S. 196–211

[8] Industrial Radioisotope Economics IAEA, Wien 1965, 571 S.

[9] *Л. Гатовский*, Вопросы экономики 1973, 1, 8

[10] *А. Кошута*, Вопросы экономики 1980, 2, 56

[11] *Ю. Зыков*, Вопросы экономики 1979, 12, 24

[12] *М. Виленский, В. Фельзенбаум*, Вопросы экономики 1979, 11, 120

[13] *Л. Гатовский*, Вопросы экономики 1979, 2, 57

[14] *Л. Янковски*, Isotopenpraxis 15 (1979) 353

[15] *L. Jankowski*, Die Wirtschaft 1978, H. 3, S. 22

[16] *L. Jankowski*, Über die volkswirtschaftliche Effektivität des ^{15}N-Programms der DDR. Schriftenreihe der Sektion Wissenschaftswissenschaften der Humboldt-Universität Berlin, 1979 (im Druck)

[17] *М. А. Виленский*, Научно-технический прогресс и эффективность общественного производства Москва 1972, 316–317

[18] *J. Hoigne*, Chimia 26 (1972) 542

[19] *J. Mühlenpfordt, L. Jankowski, W. Rolle*, Spektrum 14 (1968) 11

[20] *L. Jankowski*, Spektrum 14 (1968) 12

[21] Методика (Основные положения) определения экономической эффективности использования в народном хозяйстве новой техники, изобретний и рационализаторских предложений. Издательство „Экономика", Москва 1977, С. 8

[22] *А. Консон*, Вопросы экономика 1979, 2, 47

Stabile Isotope in der medizinischen Forschung

H. Faust, K. Jung, P. Krumbiegel

(Zentralinstitut für Isotopen- und Strahlenforschung Leipzig der Akademie der Wissenschaften der DDR)[1])

Herrn Prof. Dr.-Ing. *J. Mühlenpfordt* zum 70. Geburtstag gewidmet

Während die Anwendung von radioaktiven Nukliden in der Medizin schon seit vielen Jahren zum Standard der spezialisierten Diagnostik zählt, ist die medizinische Anwendung stabiler Isotope erst im letzten Jahrzehnt verstärkt in Erscheinung getreten. In einem Überblick werden die Voraussetzungen für den Einsatz stabiler Isotope am Menschen sowie die Schwerpunkte der medizinischen Einsatzgebiete besprochen. Auf Beiträge der DDR zu dieser international in beachtlicher Entwicklung befindlichen Forschungsrichtung wird dabei hingewiesen.

Keywords

isotope applications; medicine; men; reviews; stable isotopes; tracer techniques

1. Einleitung

Isotopenanwendung in der Medizin wird im allgemeinen gleichgesetzt mit Nuklearmedizin. Diese Spezialdisziplin der Humanmedizin bedient sich bis heute fast ausschließlich radioaktiver Nuklide, welche die Grundlage für zahlreiche, inzwischen unentbehrlich gewordene in-vitro- und in-vivo-Diagnoseverfahren bilden [1]. Es wäre sicher ungerecht, die Bedeutung *stabiler* Isotope für die Medizin an jetzigen Maßstäben der Nuklearmedizin zu messen. Während z. B. im Jahre 1978 in der DDR fast 150000 nuklearmedizinische in-vitro-Tests mit Radionukliden ausgeführt wurden, besteht eine Anwendung stabiler Isotope in der medizinischen Routine praktisch nicht. Andererseits kann es kein Zufall sein, daß besonders seit etwa 6 Jahren mehrere hundert Arbeiten aus Klinik und Forschung erschienen sind, in denen als Untersuchungsmittel stabile Isotope verwendet werden. Die Mehrzahl dieser Arbeiten spiegelt das steigende Interesse an immer besseren Detailkenntnissen über die Ursachen pathologischer Zustände wider. Es bahnen sich zwar einige Überschneidungen mit eingeführten radioaktiven Untersuchungen der Nuklearmedizin an, hauptsächlich aber entwickeln sich für bestimmte stabile Isotope typische, eigenständige Gebiete innerhalb der medizinischen Forschung. Sie liegen schwerpunktmäßig derzeit, die spezifischen Eigenschaften berücksichtigend, auf dem Gebiet von in-vivo-Untersuchungen. Da im Gegensatz zu Radioisotopen eine Lokalisationsdiagnostik für stabile Isotope nicht in Frage kommt, konzentriert sich deren Anwendung auf eine Funktionsdiagnostik, wobei die Stoffwechselfunktion des Gesamtorganismus sowohl beim Tier als auch vorrangig beim gesunden und kranken Menschen immer mehr im Brennpunkt des Interesses steht. In der Kompliziertheit des Stoffwechsels eines so hochentwickelten Organismus wie dem des Menschen und seinem hohen Regulationsvermögen liegt es begründet, daß bei der Prüfung und Beurteilung einer Stoffwechselfunktion dem „Normalwert" und der biologischen Variabilität als quantitativ faßbarem Referenzwert entscheidende Bedeutung für die Diagnostik zukommt. Hier steht die Grundlagenforschung erst am Anfang.

Wesentliche Originalarbeiten sind in den Symposiumsberichten der 2. und 3. Internationalen Konferenz über stabile Isotope (Oak Brook 1975 und 1978 [2, 3]) und des IAEA/RGW – Panel über die biologische Anwendung stabiler Isotope (Leipzig, 1977 [4]) enthalten. Übersichtsarbeiten unter bestimmten Gesichtspunkten [5–9] und umfängliche Bibliographien [10] dokumentieren die rasch wachsende Bedeutung stabiler Isotope für die medizinische Forschung.

Diese weltweite Entwicklung fordert zu einer Auseinandersetzung mit den verschiedenartigen Möglichkeiten heraus, die dieses Forschungsmittel für die Medizin in unserem Lande zu bieten hat.

Dank der Weitsicht von *J. Mühlenpfordt* [86] wurden seit 25 Jahren die Voraussetzungen dazu geschaffen, daß in

[1]) Anschrift: 7050 Leipzig, Permoserstr. 15

der DDR auf bestimmten Gebieten der medizinischen Anwendung stabiler Isotope international stark beachtete Beiträge geleistet werden konnten.

2. Ethische und juristische Aspekte

Die Auswahl eines Radionuklids für nuklearmedizinische Zwecke wird in erster Linie von der physikalischen und der biologischen Halbwertszeit sowie den Strahlungseigenschaften des Nuklids, d. h. von der dem Patienten zumutbaren Strahlungsbelastung bestimmt. Außerdem wird durch die Strahlenschutz-Gesetzgebung der Einsatz verschiedener Nuklide wegen zu hoher Radiotoxizität für das medizinische Personal stark eingeschränkt [11].

Man hat sich deshalb daran gewöhnt, in vielen Fällen Nuklide einzusetzen, die sich zwar physiologisch verhalten, die jedoch nicht das Isotop eines typischen körpereigenen Elements sind, so daß man von einer Fremdmarkierung sprechen muß (z. B. [^{131}J]Humanserumalbumin, [^{111}In]-Bleomycin). Dabei ist z. B. die absolute Verfolgung des Metabolismus dieser Verbindungen nicht möglich (und auch nicht bezweckt!), da sich das Fremdnuklid im Stoffwechsel anders verhalten dürfte als die zu verfolgende Substanz.

Will man nun den Weg eines definierten Nahrungsbausteins, z. B. einer Aminosäure, unter bestimmten Bedingungen im menschlichen Körper verfolgen, so ist man in erster Linie auf die Isotope von Kohlenstoff, Wasserstoff, Stickstoff und Sauerstoff angewiesen.

Da bekanntlich gerade von diesen wesentlichen chemischen Elementen der lebenden Materie nur solche radioaktiven Isotope existieren, die entweder eine für medizinische Zwecke zu kurze (^{11}C, ^{13}N, ^{15}O) oder zu lange (^{3}H, ^{14}C) physikalische Halbwertszeit haben, ist eine radioaktive Markierung dieser Elemente am Menschen stark eingeschränkt.

In der DDR wurden im Jahre 1976 Bestimmungen erlassen, die u. a. die Anwendung von ^{3}H und ^{14}C am Menschen zwecks Prüfung des pharmakokinetischen Verhaltens von Arzneimitteln nur nach Genehmigung durch das Staatliche Amt für Atomsicherheit und Strahlenschutz der DDR und in geringen Dosen erlauben (bis 20 μCi = 740 kBq ^{14}C und bis zu 100 μCi = 3,7 MBq ^{3}H pro Untersuchung) [12].

In den USA ist gegenwärtig die Anwendung von ^{14}C nur an erwachsenen Menschen, mit Ausnahme von Frauen im gebärfähigen Alter, und nur bis 10 μCi = 370 kBq zulässig [13].

In Zukunft wird für bestimmte Untersuchungen der Einsatz der Zyklotronisotope ^{11}C ($t_{1/2}$ = 20,3 min und ^{13}N ($t_{1/2}$ = 10,02 min.) an Bedeutung zunehmen; er ist jedoch an die unmittelbare Nähe eines Beschleunigers gebunden.

Damit wird verständlich, daß zur Markierung von Kohlenstoff, Stickstoff, Wasserstoff und Sauerstoff am Menschen zunehmend deren stabile Isotope eingesetzt werden.

Die Applikation einer Substanz mit einem künstlich stark veränderten Verhältnis der stabilen Isotope eines Elements zugunsten eines im natürlichen Vorkommen seltenen Isotops sollte erst einmal ähnliche ethische Bedenken hervorrufen wie die Applikation eines radioaktiven Isotops. Tatsächlich wurden an Tieren sehr große Wasserstoff-Isotopieeffekte beobachtet, die mit steigender D_2O-Gabe zu Vergiftungen mit Todesfolge führten [14]. Dies hatte sorgfältige Untersuchungen zur Folge, in deren Ergebnis in der DDR ein Standard verbindlich wurde, der die Anwendung stabilisotop markierter chemischer Verbindungen in der Humanmedizin regelt [15]. Demzufolge ist die Anwendung von chemischen Verbindungen, in denen die Elemente Kohlenstoff oder Stickstoff stabilisotop markiert sind, in der Humanmedizin ohne Einschränkung zulässig, sofern die geltenden Bestimmungen der Arzneimittel- und Lebensmittelgesetzgebung eingehalten werden. Auch für stabile Isotope mit relativen Atommassen > 20 gilt diese Freigabe. Lediglich für ^{2}H, ^{10}B und ^{18}O (in Form von $H_2{}^{18}O$) gelten bestimmte Beschränkungen. So ist vor der Anwendung einer chemischen Verbindung, die in einer spezifischen Molekülgruppe mehr als 15 Atom-% Deuterium enthält, eine pharmakologische Prüfung notwendig. Für die Verabreichung von D_2O und $H_2{}^{18}O$ bestehen besondere Vorschriften.

3. ^{15}N-Anwendung

3.1. Vorbemerkungen

Eine Analyse der Anwendung des stabilen Stickstoffisotops ^{15}N in den letzten zehn Jahren zeigt, daß diese Tracertechnik zwar einen festen Platz in dem Gesamtgebiet der medizinischen Forschung einnimmt, die Anwendung jedoch auf relativ wenige Zentren in der Welt beschränkt ist. Trotz der immer wieder hörbaren Forderung nach einer breiteren Anwendung zum vertieften Studium des gesamten Stickstoff- und Proteinstoffwechsels stehen dieser derzeit eine Reihe von Hemmnissen entgegen, die sowohl in den relativ hohen Isotopenkosten als auch in dem methodischen und apparativen Aufwand ihren Ausdruck finden.

Für ^{15}N ist typisch, daß es gegenwärtig in den Landwirtschaftswissenschaften und der Ernährungsforschung als einziges stabiles Isotop angewandt wird. In der klinischen Forschung dagegen haben daneben noch ^{13}C und ^{2}H etwa die gleiche Bedeutung.

Der relative Anteil der Anwendung des ^{15}N auf medizinischem Gebiet an der Anwendung in allen anderen biologischen Disziplinen einschließlich der Analytik ist nach eigenen Analysen seit 1970 nicht drastisch gestiegen. Er

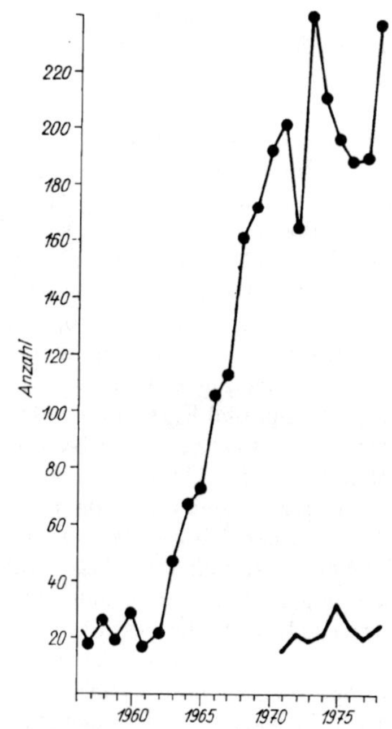

Abb. 1. Publikationen mit ^{15}N: Analytik und Anwendung in Biologie, Medizin und Landwirtschaft (●——● insgesamt, —— davon Medizin)

liegt, wie aus Abb. 1 hervorgeht, im Mittel bei 23 Publikationen pro Jahr, das sind etwa 12% der insgesamt registrierten Arbeiten. Mit mehr als 20% aller Arbeiten über die ^{15}N-Anwendung in der Medizin hat die DDR-Forschung an diesem Gebiet einen beachtlichen Anteil.

3.2. *Markierte Verbindungen*

Die Ausarbeitung spezieller Syntheseverfahren für medizinisch relevante ^{15}N-markierte Verbindungen in den letzten Jahren führte dazu, daß der Handel eine breite Palette von Verbindungen, wie Harnstoff, Ammoniumsalze, Aminosäuren, Harnsäure, Purine usw., im Angebot hat.

Arzneimittelgesetzliche Bestimmungen fordern, daß für die Anwendung beim Menschen eine Reihe von Reinheitskriterien, wie Sterilität, Pyrogenfreiheit, Schwermetallgrenzwerte usw., erfüllt sein müssen. Aufgabe von Forschung und Industrie ist es also, die gesetzlichen Anforderungen zu erfüllen und die völlige Unbedenklichkeit der Anwendung zu garantieren. Dabei liegt das Problem nicht, wie schon in der Einleitung dargestellt wurde (vgl. [15]), in der Substitution des ^{14}N in einer Verbindung durch ^{15}N, sondern in der Erfüllung der arzneimittel- bzw. lebensmittelgesetzlichen Vorschriften.

Es ist ferner erforderlich, durch das Angebot entsprechend deklarierter ^{15}N-Verbindungen besonders den derzeit bevorzugten Applikationstechniken in der Medizin entgegenzukommen. Bei Experimenten zu Fragen der parenteralen Ernährung dominiert die intravenöse oder intragastrale kontinuierliche Zufuhr der markierten Verbindung (z. B. einer Aminosäure). Die markierte Verbindung wird in Tracerdosen zu den kommerziell hergestellten Aminosäureninfusionslösungen entweder hinzugefügt (Supplementierung), oder bei der Herstellung wird die unmarkierte durch die markierte Aminosäure ersetzt (Substitution). Die orale Applikation als technisch einfaches und den normalen physiologischen Verhältnissen entsprechendes Verfahren kommt bei Resorptions- und Digestionsuntersuchungen zum Einsatz.

Prinzipiell haben sich vier isotopentechnische Applikationsarten herausgebildet, die in Abb. 2 schematisch dargestellt sind.

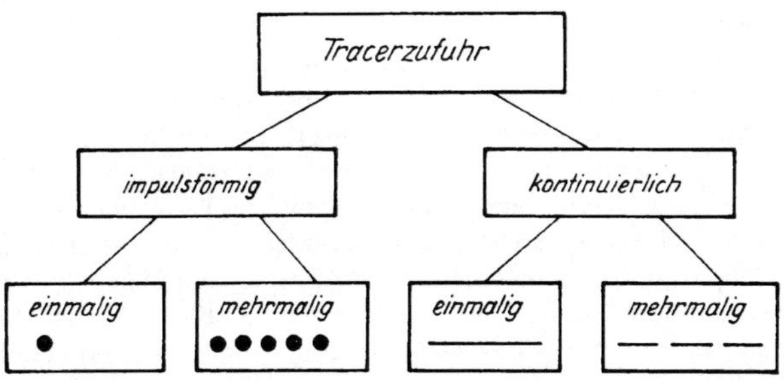

Abb. 2. Applikationstechniken ^{15}N-markierter Verbindungen beim Menschen

Von der gewählten Applikationstechnik ist ferner auch die Dosis abhängig. Sie schwankt mengenmäßig zwischen einer typischen Tracergabe (das System wird durch die Zufuhr des Tracers quantitativ und qualitativ nicht beeinflußt) über physiologische Dosen bis zu exzessiven Gaben mit der potentiellen Gefahr von Imbalanzen (Belastungstest oder Toleranztest).

Schließlich gestattet die applizierte Tracermenge auch die Beurteilung, ob und wieviel bei bekanntem Reinheitsgrad dem biologischen System an Verunreinigungen zugeführt werden.

Während die Verfügbarkeit chemisch synthetisierbarer Verbindungen für die Traceruntersuchungen recht groß ist, sind biosynthetisch gewonnene, voll durchmarkierte und hochangereicherte Materialien wie Proteine von Hefe, Ei, Pflanzen, Milch oder Nahrungsmittel kaum im Angebot. Hier offenbart sich eine Lücke speziell für die Untersuchung der Verdauung im Zusammenhang mit der Pankreasfunktion, operativen Eingriffen gastroenterologischer Art oder Ernährungsfragen im Kindesalter.

3.3 *Isotopenanalytik*

Zur Messung des stabilen Stickstoffisotops ^{15}N bedient man sich heute fast ausschließlich der massenspektrometrischen und der emissionsspektrometrischen Analyse. Kein auf anderen physikalischen Prinzipien beruhendes Analysenverfahren konnte bisher Eingang in die Praxis finden.

Für das massenspektrometrische Analysenprinzip ist typisch, daß immer ausgefeiltere Techniken erprobt werden, die folgenden Wünschen der Anwender entgegenkommen sollen:

a) direkte Angabe des Isotopenverhältnisses mit hoher Genauigkeit
b) Integration der Probenaufbereitung bzw. -auftrennung
c) direkte Untersuchung von nativem Material (Plasma, Harn) und/oder Analyse kleinster Mengen [19]
d) Einsatz modernster Rechentechnik

Eine Reihe dieser Anliegen ist in Systemen wie

CI-SIM-GC-MS	chemical ionization — selected ion monitoring — gas chromatography — mass spectrometry [16]
GC-MS-COM	gas chromatography — mass spectrometry — computer [17]
IRM-GC-MS	isotope ratio monitoring — gas chromatography — mass spectrometry [18]

realisiert und sowohl bei hohen Isotopenverdünnungen als auch für Stoffwechseluntersuchungen bzw. den Nachweis von Arzneimitteln und Drogen bedeutsam.

Kosten, Bedienungsaufwand und Qualifikation des Personals sind bei derartigen Geräten erheblich, so daß nur einige wenige medizinische Forschungszentren selbst über diese verfügen.

Die kostenmäßig weniger aufwendige, auf das stabile Isotop ^{15}N spezialisierte Isotopenanalyse mit Emissionsspektrometern war für eine Reihe medizinischer Forschungseinrichtungen und Kliniken der Anlaß, diese für ihre tracertechnischen Vorhaben einzusetzen [9, 20–26].

Bei größeren und langfristigen Forschungsprogrammen konnten mit dem automatisierten ^{15}N-Analysator ISONITROMAT auch umfangreiche Versuchsserien mit einigen tausend Meßproben problemlos bewältigt werden [27]. Hier bewährte sich besonders das in diesem Gerät realisierte Konstruktionsprinzip der integrierten Probenchemie. Dadurch wurde der geschwindigkeitsbestimmende Schritt von der Isotopenanalyse auf die klinisch-chemischen und analytischen Methoden der Isolierung und Aufarbeitung verlagert. Gerade deshalb wurden bei uns in den letzten Jahren intensiv die methodischen Probleme bearbeitet [28–30] und die neuesten Forschungsergebnisse in einem umfangreichen Methodenkatalog zusammengestellt [31].

Vom anwendungstechnischen Gesichtspunkt aus sind für die Zukunft zwei Linien der Analytik von besonderer Bedeutung:

a) einfache, schnelle und verhältnismäßig genaue Methoden für das klinische Laboratorium

b) zeit- und geräteaufwendige Referenzmethoden mit hoher Reproduzierbarkeit und Richtigkeit.

Obwohl nicht übersehen werden darf, daß die billigere emissionsspektrometrische ^{15}N-Analysentechnik infolge ihrer vergleichsweise zum Massenspektrometer geringeren Genauigkeit eine höhere Anreicherung der zu applizierenden Tracerverbindung und damit höhere Isotopenkosten erfordert, sind durch ihren Einsatz bereits eine Reihe wesentlicher Ergebnisse zur Pathobiochemie und Pathophysiologie des Proteinstoffwechsels gewonnen worden [Übersichten siehe 6, 9, 60].

Aus der neueren Literatur ist erkennbar, daß sich neben der DDR auch andere Länder mit dem Bau von optischen ^{15}N-Analysatoren befassen und die Entwicklung auf diesem Gebiet nicht als abgeschlossen betrachtet werden kann. In Tab. 1 ist die Entwicklung der letzten Jahre zusammenfassend dargestellt.

Tab. 1. Geräteentwicklungen zur emissionsspektrometrischen ^{15}N-Isotopenanalyse

Land	Jahr	Typ	Literatur
DDR	1964	NOI-3	
	1966	NOI-4	[32]
.	1969/71	NOI-5	
	1972/74	ISONITROMAT (automatisierter Analysator)	[33]
	1980	NOI-6 (Halbautomat)	[34]
Japan	1972	NIA 1	[61]
England	1979	Automatisierter Analysator (60 Proben/h)	[35]
Frankreich	1980	GS-1	[36]
UdSSR	1980	3 Modelle mit verschied. Automatisierungsgrad für ^{2}H, ^{13}C, ^{15}N, ^{18}O	[37]

3.4 Klinische Probleme

Die Schwerpunkte des ^{15}N-Einsatzes liegen in der gastroenterologischen und ernährungsphysiologischen Forschung, auf dem Gebiet der Pädiatrie sowie in der Aufklärung von Stoffwechselanomalien auf der Grundlage biochemischer Zusammenhänge und der Pharmakokinetik. Erste Hinweise aus der Literatur [25] scheinen die Vermutung zu bestätigen, daß stabile Isotope auch zur Funktionsdiagnostik mit Erfolg eingesetzt werden können und angesichts der verhältnismäßig kleinen Palette von standardisierten labordiagnostischen Methoden zur Untersuchung des Stickstoffwechsels in der Zukunft stärker Berücksichtigung finden werden. Neben metabolischen Funktionsprüfungen sollen diese Verfahren auch der organspezifischen Untersuchung dienen, d. h. der Lokalisation von Krankheitsprozessen in bestimmten Organen und der Prüfung der Leistungsfähigkeit dieser Organe. Hier sind die Verfahren besonders wertvoll, welche sich durch hohe Organspezifität, hohe Empfindlichkeit und hohe Selektivität auszeichnen. Zweifellos zeigen diese Erfordernisse auch die Schwierigkeit solcher Arbeiten auf und unterstreichen die Notwendigkeit einer intensiven, kontinuierlichen und interdisziplinären Beschäftigung mit dieser Problematik.

Faßt man den Diagnostikbegriff im weitesten Sinne auf, lassen sich die meisten Publikationen in das in Tab. 2 wiedergegebene Schema einordnen. Im übrigen geht daraus auch die Vielfalt der Anwendungsmöglichkeiten hervor.

Tab. 2. Isotopendiagnostik mit ^{15}N

		Literatur
1.	Organspezifische Funktionsprüfungen	
1.1.	Atmung	[59]
1.2.	Niere und ableitende Harnwege	[38, 39]
1.3.	Blut (erythrozytäres System)	[40]
1.4.	Endokrine Erkrankungen, Hypophysen-Zwischenhirn-System (STH)	[25, 41]
1.5.	Magen-Darm-Trakt (Gastroenterologisches System, Resorption, Verdauung)	[9, 42]
1.6.	Leber und Gallenwege (exkretorische Funktion, Syntheseleistung, Entgiftungs-, Abbau- und Kupplungsfunktion)	[30, 43]
2.	Metabolische Funktionsprüfung bei Stoffwechselstörungen	
2.1.	Gesamtkörperproteinstoffwechsel (postoperativ, Streß, Trauma)	[9, 44, 45]
2.2.	Purinstoffwechsel	[46]
2.3.	Nukleotidstoffwechsel	[47]
2.4.	Stoffwechsel spezieller N-Verbindungen	[21, 48]
2.5.	Erbliche Defekte des Aminosäuren- und Proteinstoffwechsels	[40, 49]
2.6.	Gynäkologie	[50]
3.	Leistungsmedizin — Funktionsprüfung bei körperlicher Belastung	[51]
4.	Funktionsprüfung in Abhängigkeit von der Ernährung	
4.1.	Parenterale Ernährung	[52, 53]
4.2.	Ernährung in der Pädiatrie	[26]
4.3.	Adipositas	[54]
4.4.	Mangelernährung	[55]

Die Dynamik des Proteinstoffwechsels beim Menschen stellt in Medizin und Ernährungswissenschaft ein seit langem interessierendes Problem dar. Mit Hilfe bestimmter Modellvorstellungen gelingt es, aus den verfügbaren ^{15}N-Tracerdaten quantitative Aussagen über die Stoffwechselprozesse zu treffen.

Für die quantitative Beschreibung des intermediären N-Stoffwechsels wird das Kompartimentmodell als das zur Zeit am besten geeignete betrachtet, obwohl dadurch von vornherein eine Reihe von Einschränkungen (vor allem Homogenität und Linearität der Pools) in Kauf genommen werden müssen. Zu den Einschränkungen innerhalb der Kompartimenttheorie kommt die Begrenzung des N-Stoffwechselmodells auf eine meist kleine Zahl von Pools, die sich aus den zum Teil noch unzureichenden analytischen Möglichkeiten ergibt, hinzu.

In neueren Arbeiten konnte von uns gezeigt werden, daß eine Simulation der ^{15}N-Tracerkinetik mit Hilfe des Computers bei N-Stoffwechselmodellen gute Möglichkeiten der Vorausberechnung von Daten sowie der Versuchsplanung bietet [56]. Die Anwendung von weniger komplizierten Verfahren der Auswertung kann in der klinischen Praxis zur Abschätzung der Proteinsyntheserate dienen [30].

3.5. Natürliche Variation der ^{15}N-Häufigkeit

Die Schwankung der natürlichen ^{15}N-Häufigkeit in Probenmaterial vom Menschen wurde bisher relativ wenig und nicht systematisch untersucht. Solche Studien erfordern in jedem Fall den Einsatz der massenspektrometrischen Präzisionsisotopenanalytik. Für die Untersuchung humanmedizinischer Proben kommt in einigen Fällen zum gerätetechnischen Aufwand das Problem der kleinen Probenmenge (z. B. spezielle Serumproteine, Rest-N-Verbindungen des Serums, Biopsieproben) hinzu.

In einem methodischen Beitrag zu dieser Fragestellung konnte von uns kürzlich gezeigt werden, daß allein durch Veränderung der probenchemischen Verfahrensweise an 0,5 bis 1 mg N als realer Ausgangsmenge die δ^{15}N-Werte mit einem Fehler von kleiner als 0,5 ‰ bestimmbar waren [57].

In verschiedenen Humanseren und Serumproteinfraktionen fanden sich in allen Fällen positive δ^{15}N-Werte (Tab. 3). Eine bestimmte, aber noch weitgehend unbekannte biologische Streubreite dürfte dabei nicht in Zweifel zu ziehen sein. Allein schon durch die verschiedenen Ernährungsweisen sind Unterschiede zu erwarten [58]. Ferner deuten sich metabolisch bedingte Unterschiede (z. B. bei den verschiedenen Serumproteinen in Tab. 3) an. Für eine tiefer gehende Interpretation sind die bisher vorliegenden Daten allerdings noch nicht ausreichend.

Tab. 3. δ^{15}N-Werte von Humanseren und Serumproteinfraktionen

Probe	$\delta^{15}N \pm s$, ‰
Erwachsener ♂	11,2 ± 0,2
Erwachsener ♀	10,3 ± 0,5
Kind ♀	10,6 ± 0,2
Kind ♀	10,7 ± 0,3
Kind ♂	10,5 ± 0,3
Serumprotein¹)	12,8 ± 0,4
davon Albumin	11,8 ± 0,1
Gammaglobulin	10,6 ± 0,2
Betaglobulin	13,0 ± 0,3

¹) Mischserum

4. ^{13}C-Anwendung

Drei Faktoren erschweren die medizinische Anwendung von ^{13}C im Vergleich zu ^{15}N:

- Es gibt vorerst noch keine vergleichbar einfache Analysenmethode, sondern man ist — abgesehen von NMR-Spektroskopie oder Aktivierungsanalyse — auf die Massenspektrometrie angewiesen.
- Da in der interessierenden organischen Verbindung neben der ^{13}C-markierten Position meist noch viele weitere Kohlenstoffatome vorliegen, tritt bei der *Dumas*-Verbrennung zum Meßgas für die Isotopenanalyse eine starke intramolekulare Isotopenverdünnung auf, die zur ohnehin im Organismus erfolgenden intermolekularen Verdünnung hinzukommt und die Wiederfindung erschwert.
- Die Wiederfindung der Markierung wird außerdem dadurch begrenzt, daß die natürliche relative Häufigkeit des ^{13}C bereits 1,11 Atom-% beträgt.

Um den klinischen Einsatz des ^{13}C trotz dieser Nachteile zu erleichtern, wurde in den letzten Jahren vor allem die massenspektrometrische Isotopenanalyse in verschiedener Weise weiterentwickelt.

Eine dieser Entwicklungen betrifft die Präzisionsisotopenanalyse am Meßgas CO_2. Mit Genauigkeiten von ±0,1‰ sind heute Unterschiede meßbar, die bereits durch natürliche Schwankungen der relativen ^{13}C-Häufigkeit bei gleichartig vorbereiteten Probanden überlagert werden [62]. Der oben erwähnten intermolekularen Isotopenverdünnung kann man mit einer der *Dumas*-Verbrennung vorgeschalteten gaschromatographischen Auftrennung der interessierenden Metabolite entgegenwirken [18].

Besonders vorteilhaft müßten somit solche in-vivo-Vorgänge mit ^{13}C zu beobachten sein, bei denen aus einer Isotopenanalyse am abgeatmeten Stoffwechsel-Endprodukt CO_2 eindeutige Rückschlüsse auf einen bestimmten Mechanismus oder eine bestimmte Kinetik möglich sind. Auf dieser Grundlage wurden mehrere Verfahren zur Verfolgung des Metabolismus applizierter Pharmaka bei Gesunden und Kranken sowie zum Test auf bestimmte Stoffwechselerkrankungen ausgearbeitet. Diesem sog. $^{13}CO_2$-Atemtest [63] liegt das Prinzip der einfachen Isotopenverdünnungsanalyse zugrunde: In Form einer ^{13}C-markierten Substanz, deren Abbaugeschwindigkeit charakteristisch für die Funktionsfähigkeit bestimmter Teile des Verdauungstraktes ist, muß eine solche Menge ^{13}C appliziert werden, daß in der Atemluft unter Berücksichtigung von

- individuellen Schwankungen der natürlichen ^{13}C-Häufigkeit,
- biologischen Streubreiten des Stoffwechsels,
- Isotopenverdünnung durch weiteren an der CO_2-Ausscheidung beteiligten Kohlenstoff und
- Isotopenverdünnung durch eingeatmetes CO_2

eine signifikante, reproduzierbare Veränderung der relativen ^{13}C-Häufigkeit meßbar ist. Zugleich müssen aus dem Analysenwert noch Aussagen über graduelle oder prinzipielle Unterschiede zwischen Gesunden und Kranken ableitbar sein. Mit Hilfe eines solchen Tests lassen sich nach oraler Applikation der entsprechend geeigneten ^{13}C-markierten Substanz u. a. Aussagen über folgende Krankheitsbilder machen:

- Störungen der intestinalen Fettresorption (z. B. durch Pankreas-Insuffizienz)
- Störungen des enterohepatischen Gallensäureflusses (z. B. bei bestimmten Darmerkrankungen)
- Minderaktivität der Lebermikrosomen (durch Hepatitis oder Leberzirrhosen)
- Störungen der Kohlehydrat-Resorption.

Eine methodisch interessante Abwandlung des $^{13}CO_2$-Stoffwechseltests besteht darin, daß als Diagnostika natürlich markierte Substanzen appliziert werden. Man nützt hierbei die Unterschiede aus, die im ^{13}C-Gehalt zwischen C_3-Pflanzen und C_4-Pflanzen bestehen und gibt z. B. einem Mitteleuropäer, dessen ^{13}C-Gehalt auf Grund der nahezu ausschließlichen Ernährung mit C_3-Pflanzen bei $\delta^{13}C = -9 \ldots -15$‰ liegt, eine aus der C_4-Pflanze Mais gewonnene Glucose, die δ^{13}C-Werte von $-23 \ldots -30$‰ aufweist [64].

In der DDR handelsübliche Kartoffelstärke hat einen δ^{13}C-Wert $= -10{,}0$ ‰ und handelsübliche Maisstärke (Maisan) einen δ^{13}C-Wert $= -25{,}2$ ‰ (jeweils bezogen auf den PDB-Standard) [65]. Während man auf diese Weise einerseits die markierte Substanz nahezu kostenlos erhält, muß andererseits erhöhter Aufwand bei der Isotopenanalyse getrieben werden.

In Zusammenarbeit mit einer Leipziger Klinik werden eigene Beiträge zu diesem Gebiet an anderer Stelle veröffentlicht werden.

Eine andere Weiterentwicklung der massenspektrometrischen ^{13}C-Isotopenanalytik bildet die Voraussetzung dafür, daß positionelle Isotopenanalysen an Metaboliten von ^{13}C-markierten Prekursoren zu immer genaueren Kenntnissen über das Verhalten von Pharmaka oder von endogenen Substanzen im menschlichen Organismus führen. Es handelt sich um die rechnergesteuerte Kopplung von Gaschromatographie, schonender (chemischer) Ionisierung im Massenspektrometer und selektiver Registrierung der Ionen charakteristischer Moleküle oder Molekülfragmente (CI-SIM-GC-MS) [16, 66].

Die Identifizierung des gesuchten Metabolits aus dem Massenspektrum kann durch zwei Hilfsmittel erleichtert werden, die im allgemeinen auf eine Zweitmarkierung (mit einem anderen stabilen Isotop oder mit demselben Isotop zusätzlich in einer anderen Position) hinauslaufen:

- Applikation äquimolarer Mengen der unmarkierten und der markierten Substanz, um im Massenspektrum 1:1-Isotopen-Doublets (Isotopencluster) registrieren zu können [67, 68].
- Nachdem die applizierte Substanz den Organismus durchlaufen hat, wird der vermutete Metabolit oder die unveränderte Substanz in einer weiteren isotopmarkierten Variante dem aufzuarbeitenden Urin, Plasma oder Gewebe zugegeben. Diese Verbindung dient als Träger und innerer Standard [66, 68].

5. Deuteriumanwendung

Es ist von dem Fakt auszugehen, daß bei der Deuteriumanwendung am Menschen aufgrund des hohen Massenunterschiedes zwischen Protium und Deuterium und den damit möglichen Isotopieeffekten schärfere Anwendungsvorschriften als bei den übrigen stabilen Isotopen zu beachten sind [15]. Darüber hinaus schränkt der Isotopenaustausch des Wasserstoffs [90] vor allem in OH- und NH-Bindungen die Anwendung des Deuteriums ein.

Die deuterierten Substanzen werden durch chemische Synthese [69] oder in größerem Umfang auf biochemischem Wege durch Wachstum von Mikroorganismen – vorwiegend autotropher Algenkulturen – in nahezu 100%igen D_2O-Nährlösungen und nachfolgende Abtrennung der deuterierten Verbindungen aus den Zellhomogenaten gewonnen [70]. Die bei diesen Organismen auftretenden Isotopieeffekte des schweren Wassers waren Gegenstand zahlreicher Untersuchungen [14].

Gegenwärtig konzentrieren sich die Arbeiten in diesem Zusammenhang auf die Erfassung und die eventuelle Nutzung von D-Isotopieeffekten im Hinblick auf die Wirkung karzinogener Substanzen [71, 72], den Stoffwechsel von Antikrebs-Agentien [73] und die Veränderungen des Metabolismus sowie der Toxizität von Pharmaka durch Einführung einer D-Markierung [74, 75]. Die potentielle Nutzung von D-Isotopieeffekten für eine mögliche Depotwirkung von Pharmaka für den Fall, daß der geschwindigkeitsbestimmende Schritt des Abbaus eines Pharmakons in der Spaltung einer –C–H(resp. –C–D)-Bindung besteht, wurde bereits früher vorgeschlagen [76].

Darüber hinaus hat die Anwendung des Deuteriums als Tracer in der pharmakologischen Forschung zum Studium des Metabolismus von Pharmaka an Bedeutung zugenommen.

Ursache hierfür war die Eröffnung neuer Synthesemöglichkeiten medizinisch interessanter Substanzen [77–81] und die elegante Nachweisbarkeit der D-Markierung mit Hilfe der GC-MS-Kopplung.

In der klinischen Forschung erweist sich der Einsatz von Deuterium als Tracer im Hinblick auf seine risikolose Anwendung unter Beachtung der gesetzlichen Bestimmungen [15] bei stark gefährdeten Bevölkerungsteilen wie schwangeren Frauen, Neugeborenen und Kleinstkindern dem Tritium überlegen. Hierzu sollen Untersuchungen zum Glukosefluß bei Neugeborenen [82] und zum Steroidstoffwechsel bei schwangeren Frauen [83, 84] als Beispiele genannt werden. Neben der Körperwasserbestimmung mit D_2O, die in der DDR durchgeführt wird, wurde schweres Wasser auch zur Extravascular-Wassermessung der Lunge [85] und zu Wasserbalance-Studien während der Peritonealdialyse bei Nierenversagen [86] eingesetzt. Neue klinische Einsatzmöglichkeiten des Deuteriums eröffnen sich auch bei der quantitativen Erfassung von Ketogallensäuren [87], Vitaminen [88] sowie für Metabolismus-Studien bei Anwendung deuterierter Aminosäuren [89].

6. Einsatz von ^{18}O

Die hohen Kosten des Isotops und seine begrenzte Verfügbarkeit haben die breitere Anwendung des ^{18}O in der Medizin bisher stark eingeschränkt. Es gibt eine Reihe von Beispielen, bei denen ^{18}O im Tierversuch eingesetzt wurde. Mit Hilfe einer einfachen Nachweistechnik (Respirations-Massenspektrometer) konnten nach Injektion von $H_2{}^{18}O$ der Blutstrom und die Wasserverteilung leicht ermittelt werden [91]. Der Abbau des Hämoglobins zu Bilirubin wurde durch ^{18}O-Markierung des atmosphärischen Sauerstoffs, der durch das Versuchstier aufgenommen wurde, verfolgt [92]. Ebenso konnte der Einbau des ^{18}O in die Homovanillinsäure des Rattenhirns mit Hilfe der GC-MS bzw. Massenfragmentographie nachgewiesen werden [93]. Ausgehend von diesen tierexperimentellen Befunden zeichnen sich gegenwärtig auch aussichtsreiche Einsatzgebiete des Isotops bei der Untersuchung pathologischer Zustände des Menschen ab [94, 95].

Andere stabile Isotope sind bisher in der Medizin nur sporadisch zum Studium spezieller Probleme verwendet worden.

So konnte ^4He in Verbindung mit einer empfindlichen Diagnosetechnik zur Früherkennung obstruktiver Lungenkrankheiten und zur Lungenfunktionsprüfung eingesetzt werden [96].

Mit ^{40}Ca gelang die direkte Messung der Freisetzung des Knochenkalziums beim Menschen [97]. Diese Untersuchungsmöglichkeit dürfte insbesondere bei schwangeren Frauen und Kindern, bei denen der Kalzium-Stoffwechsel von großer Bedeutung ist, eine breitere Anwendung finden.

Der Nachweis stabiler Eisenisotope in biologischen Flüssigkeiten [98] könnte als Alternative zur Tracertechnik mit Radioisotopen neue Untersuchungen des Eisenstoffwechsels am Menschen ermöglichen.

7. Schlußfolgerungen

Der Einsatz stabiler Isotope in der medizinischen Forschung hat bereits zu wesentlichen Beiträgen für ein besseres Verständnis der Lebensvorgänge im gesunden und kranken menschlichen Körper geführt, ist aber noch kein integrierter Teil der nuklearmedizinischen Routinediagnostik. Mit der Weiterentwicklung der Isotopenanalytik und der Verfügbarkeit einer großen Palette stabilisotop markierter Verbindungen bestehen gute Voraussetzungen für eine Einbeziehung stabiler Isotope in die nuklearmedizinische Diagnostik. Sieht man radioaktive Nuklide und stabile Isotope als alternative Tracer, so kann in folgenden Fällen die Entscheidung zugunsten des stabilen Isotops ausfallen:

1) Ein für die spezielle Fragestellung geeignetes radioaktives Nuklid gibt es nicht.

2) Der Einsatz eines radioaktiven Nuklids ist verboten (speziell bei Schwangeren und Kindern).
3) Die Empfindlichkeit oder Spezifität der stabilisotopen Markierung sind überlegen (z. B. bei bestimmten Metabolismus-Studien [94]).
4) Die apparativen Voraussetzungen zur Isotopenanalyse sind schaffbar, oder es ist eine Kooperation mit einem Meßlaboratorium für stabile Isotope möglich.

Eingegangen am 21. 10. 1980

Literatur

[1] *H. Deckart*, Nuklearmedizin in Theorie und Praxis, G. Fischer Verlag, 2. Auflage, Jena 1979
[2] *E. R. Klein, P. D. Klein*, ed., Proceedings of the Second International Conference on Stable Isotopes (20. – 23. 10. 1975, Oak Brook, Ill.)
[3] *E. R. Klein, P. D. Klein*, ed., Proceedings of the Third International Conference on Stable Isotopes (23. – 26. 45. 1978, Oak Brook Ill.)
[4] Stable Isotopes in the Life Sciences: Proceedings of a Technical Committee Meeting on Modern Trends in the Biological Applications of Stable Isotopes, IAEA/RGW, (14. – 18. 2. 1977, Leipzig)
[5] *U. I. Krahmer, J. S. McCloskey*, Adv. Mass Spectrom. **7B** (1978) 1483
[6] *C. W. Crane*, Rec. Advances in Clin. Biochem. **1** (1978) 176
[7] *H.-L. Schmidt, E. Schmelz*, Chemie in unserer Zeit **14** (1980) 25
[8] *R. Roncucci, M.-J. Simon, G. Jaques, G. Lambelin*, Europ. J. of Drug Metab. and Pharmacokinetics **1976**, 9
[9] *W. Hartig, H.-D. Czarnetzky, H. Faust, K. Hirschberg, K. Jung, P. Junghans, K. Wetzel, H. Willgerodt*, DDR – Med. – Rep. **7** (1978) 563
[10] *E. R. Klein, P. D. Klein*, A selected bibliography of biomedical and environmental applications of stable isotopes: I. Deuterium 1971 bis 1976. Biomed. Mass Spectrom. **5** (1978) 91; II. Carbon-13 1971 bis 1976. Biomed. Mass. Spectrom. **5** (1978) 321; III. Nitrogen-15 1971 – 1976. Biomed. Mass Spectrom. **5** (1978) 373; IV. Oxygen-18 and Sulfur-34 1971 – 1976. Biomed. Mass Spectrom. **5** (1978) 425; V. ^{2}H, ^{13}C, ^{15}N, ^{18}O and ^{34}S 1977 – 1978. Biomed. Mass Spectrom. **6** (1979) 515
[11] Verordnung über den Schutz vor der schädigenden Einwirkung ionisierender Strahlung (Strahlenschutzverordnung) (Gbl II. Nr. 99 vom 26. 11. 1969, S. 627)
[12] 12. Durchführungsbestimmung zum Arzneimittelgesetz der DDR (Gbl. I Nr. 17 vom 17. 5. 1976, S. 248); „Richtlinie für die Prüfung von Arzneimitteln zur Anwendung in der Humanmedizin" des Ministeriums für Gesundheitswesen der DDR vom 18. 5. 1976.
[13] *J. F. Schneider, D. A. Schoeller, B. Nemchansky, J. L. Boyer, P. D. Klein*, s. Zitat [2] S. 259
[14] *G. Hübner, K. Jung, E. Winkler*, Die Rolle des Wassers in biologischen Systemen, Akademie-Verlag Berlin, Pergamon Press Oxford, Vieweg u. Sohn Braunschweig 1970
[15] DDR-Standard TGL 14466 „Stabilisotop markierte chemische Elemente und Verbindungen". Blatt 3: Anwendung in der Humanmedizin und Lebensmittelindustrie; verbindlich ab 1. 1. 1970
[16] *D. E. Matthews, E. Ben-Galim, D. M. Bier*, Anal. Chem. **51** (1979) 80
[17] *M. G. Horning, J. Nowlin, K. Lertratanangkoon, J. P. Thenot*, Inst. Appl. For. Drug Chem. Proc. **1978**, 41
[18] *D. E. Matthews, J. M. Hayes*, Anal. Chem. **50** (1978) 1465
[19] *C. S. Irving, J. Nissim, A. Lapidot*, Biomed. Mass Spectrometry **5** (1978) 117
[20] *T. P. Stein, M. J. Leskiw, E. M. Liquori, H. B. Brooks, H. W. Wallace, W. S. Blakemore*, Anal. Biochem. **66** (1975) 481
[21] *T. P. Stein*, J. Surg. Res. **21** (1976) 17
[22] *W. Hartig, H.-D. Czarnetzki, H. Faust*, Dtsch. Z. Verdau.- u. Stoffwechselkrankh. **36** (1976) 181
[23] *W. Hartig, H. Faust, H.-D. Czarnetzki*, Acta Chir. Scand. Suppl. **1976**, 466
[24] *O. I. Pisarenko, E. V. Minkovskii, I. M. Studneva, V. G. Merimson, B. V. Rozynov*, Vopr. Med. Khim. **25** (1979) 782
[25] *M. Zachmann, M. Zagalak, J. A. Völlmin, R. P. Gitzelmann, A. Prader*, Clin. Chim. Acta **77** (1977) 147
[26] *I. Richter, W. Heine, C. Plath, K. Krawielitzki, P. Junghans*, Dt. Z. Verdauungs- u. Stoffwechselkrankh. 1981 (im Druck).
[27] *H. Faust, H. Bornhak, K. Hirschberg, K. Jung, P. Junghans, P. Krumbiegel, R. Reinhardt*, Untersuchungen zum N-Stoffwechsel des Menschen mit [^{15}N]Glycin. ZfI-Mitt. (in Vorbereitung)
[28] *K. Hirschberg, H. Faust*, Chromatographische Trennung von ^{15}N-markierten NPN-Verbindungen des Urins an Polystyrolsulfonsäuren, VII. Symp. „Chromatographie in der klinischen Biochemie", 28. – 30. 5. 1980, Leipzig
[29] *H. Bornhak, K. Jung*, Untersuchungen des Einbaus von ^{15}N-Glycin in Humanserumfraktionen mittels Gel-, Ionenaustausch- und Affinitätschromatographie, VII. Symp. „Chromatographie in der klinischen Biochemie", 28. – 30. 5. 1980, Leipzig
[30] *P. Junghans, H. Faust, R. Matkowitz, W. Hartig, H. D. Czarnetzki*, Bestimmung der Proteinsynthese- und abbaurate bei Leberkranken aus ^{15}N-Tracerdaten, Colloqu. hepatologicum „Leberzirrhose", 1. – 2. 10. 1980, Jena
[31] *H. Faust, H. Bornhak, K. Hirschberg, K. Jung, P. Junghans, P. Krumbiegel, R. Reinhardt*, Methodenkatalog: Klinisch-chemische und isotopenanalytische Methoden zur Untersuchung des Stickstoff-Stoffwechsels mit ^{15}N beim Menschen. ZfI-Mitt. 1981, Nr. 36
[32] *G. Meier, G. Müller*, Isotopenpraxis **1** (1965) 56
[33] *H. Gerstenberger, G. Meier, K. Mauersberger, G. Müller, D. Pabst, S. Riedel, W. Rose, G. Schmidt*, G-I-T Fachz. Labor. **5** (1974) 452
[34] *H. Gerstenberger, G. Meier*, Isotopenpraxis **17** (1981) 155
[35] *J. D. S. Goulden, D. N. Salter*, Analyst **104** (1979) 756
[36] *G. Guiraud, J. Fardeau*, Analusis 8 (1980) 148
[37] *G. K. Dudich, P. N. Zanadvorov, V. V. Kidin, G. S, Lazeeva, Y. M. Loginov, A. A. Petrov, Y. M. Frolov, R. Khomyakov, V. Y. Shevchenko*, Izv. Timiryazevsk. S.-kh. Akad. **1980**, 112
[38] *H. L. Schmidt, P. Kirch, G. Traut, H. E. Keller*, s. Zitat [2] S. 411
[39] *R. F. Pitts, W. J. Stone*, J. Clin. Invest. **46** (1967) 530
[40] *D. Samson, D. Halliday, D. C. Nicholson, I. Chanarin*, Brit. J. Haematol. **34** (1976) 45
[41] *M. Zachmann, M. Zagalak, R. P. Gitzelmann, A. Prader*, s. Zitat (3) S. 619
[42] *H.-D. Czarnetzki, H. Faust, W. Hartig, H. Albert, K. Wetzel*, Zbl. Chirurgie **104** (1979) 1536
[43] *W. D. Stone, W. B. M. Gay, C. W. Crane*, Clin. Sci. **37** (1969) 231
[44] *J. C. Waterlow, M. H. N. Golden, P. J. Garlick*, Amer. J. Physiol. **235** (1978) E 165
[45] *W. P. Steffee, R. S. Goldsmith, P. B. Pencharz, N. S. Scrimshaw, V. R. Young*, Metab. Clin. Exper. **25** (1976) 281
[46] *C. F. Starmer, O. Süerling, J. B. Wyngaarden*, Math. Biosc. **25** (1975) 105
[47] *S. S. Furst, P. M. Roll, G. B. Brown*, J. Biol. Chem. **183** (1950) 251
[48] *M. Crim, D. H. Calloway, S. Margen*, J. Nutr. **106** (1976) 371
[49] *C. W. Crane, F. A. Jenner, R. J. Pollitt*, Clin. Sci. Mol. Med. **46** (1974) 715
[50] *D. S. McLaren, A. Mroueh, W. W. C. Read*, Amer. J. Obstet. Gynecol. **126** (1976) 339
[51] *F. Schoenheyder, N. S. C. Heilskov, K. Olesen*, Scand. J. Clin. Lab. Invest. **6** (1954) 178
[52] *E. Nakamura, H. Fukushima, T. Oda*, Eiyo to Shokuryo **29** (1976) 159
[53] *W. Hartig, H.-D. Czarnetzki, H. Faust, H. Martin, R. Martin, K. Wetzel*, Infusionstherapie **6** (1979) 6
[54] *H.-D. Czarnetzki*, persönl. Mitteilung
[55] *D. Picou, M. Phillips*, Am. J. Clin. Nutr. **25** (1972) 1261
[56] *H. Faust, P. Junghans, B. Dudek*, Computersimulation der ^{15}N-Tracerkinetik auf der Basis eines N-Stoffwechselmodells, Ernst-Mangold-Gedenk-Symposium der Humboldt-Universität Berlin, 12. – 15. 2. 1979, Berlin
[57] *H. Faust, H. Bornhak, K. Hirschberg, H. Birkenfeld*, Methode zur Bestimmung natürlicher ^{15}N-Häufigkeiten an geringen Mengen medizinisch-biologischen Materials, 2. Arbeitstagung „Isotope in der Natur" 5. – 9. 11. 1979, Leipzig, DDR
[58] *O. H. Gaebler, T. G. Vitti, R. Vukmirovich*, Canad. J. Biochem. **44** (1966) 1249
[59] *R. Reinhardt, H. Faust*, ESNA IX. Annual Meet. Brno, CSSR 1978
[60] *W. Hartig, H. Albert, H. D. Czarnetzki, H. Faust, F. Hausmann, K. Jung, P. Junghans, R. Matkowitz, J. Putziger, V. Vogel, K. Wetzel*, Dt. Z. Verdauungs- u. Stoffwechselkrankh. **40** (1980) 74
[61] *K. Kumazawa*, Radioisotopes **21** (1972) 623
[62] *D. A. Schoeller, J. F. Schneider, N. W. Solomons, J. B. Watkins, P. D. Klein*, J. Lab. Clin. Med. **90** (1977) 412
[63] *A. F. Hofmann, B. H. Lauterburg*, J. Lab. Clin. Med. **90** (1977) 405
[64] *J. R. Ebiner, K. J. Acheson, A. Doerner, E. Maeder, M. J. Arnaud, E. Jéquier, J. P. Felber*, Brit. J. Nutr. **41** (1979) 419
[65] *P. Krumbiegel*, unveröffentlichte Ergebnisse
[66] *M. G. Horning, J. Nowlin, M. Stafford, K. Lertratanangkoon, K. R. Sommer, R. M. Hill, R. N. Stillwell*, MJ. Chromatogr. **112** (1975) 605
[67] *H. Miyazaki, H. Takayama, Y. Minatogawa, H. Hamano, H. Umezawa*, s. Zitat [2] S. 154
[68] *J. S. Dutcher, J. M. Strong, W.-K. Lee, A. J. Atkinson* s. Zitat [2], S. 186

[69] *I. A. Murray, D. L. Williams*, Organic Synthesis with Isotopes Part II, Interscience Publishers, New York, London 1958
[70] *H. L. Crespi*, s. Zitat [4] S. 111
[71] *E. Cavalieri, R. Roth, P. Mailander, K. Patil*, s. Zitat [2] S. 19
[72] *W. Lijinsky, W. H. Taylor, L. K. Keefer*, J. Nat. Cancer Inst. **57** (1976) 1311
[73] *P. B. Farmer* et al., s. Zitat [3] S. 371
[74] *M. G. Horning* et al., s. Zitat [2] S. 41
[75] *S. D. Nelson* et al., Drug Metab. Dispos. **6** (1978) 363
[76] *K. Jung, P. Krumbiegel*, Möglichkeiten der Entwicklung und Verwendung deuterierter Pharmaka, Studie des ZfI Leipzig 1970
[77] *C. H. L. Shakleton, H. Hirota, J. W. Honour*, s. Zitat [3] S. 37
[78] *J. Gal, A. K. Cho, E. DiStefano, S. Newman*, s. Zitat [3] S. 71
[79] *E. A. Emken, R. O. Adlof, W. J. DeJarlais, H. Rackoff*, s. Zitat [3] S. 79
[80] *L. Lompa-Krzymien, L. C. Leitch*, s. Zitat [3] S. 89
[81] *D. A. Baillie* et al., in *T. A. Baillie* Ed., Stable Isotopes, Applications in Pharmacology, Toxicology and Clinical Research, Macmillan Press, London 1978, S. 177
[82] *D. M. Bier, R. D. Leake, L. D. Gruenke, M. A. Sperling*, s. Zitat [2] S. 344
[83] *T. A. Baillie, J. E. Herz, R. A. Anderson, J. Sjövall*, s. Zitat [2] S. 358
[84] *T. A. Baillie, K. Sjövall, J. Sjövall*, s. Zitat [2] S. 367
[85] *G. Basset, F. Moreau, M. Scaringella, S. Tistschenko, F. Botter, J. Marsac*, s. Zitat [2] S. 310
[86] *J. Mühlenpfordt*, Die Anwendung der stabilen Isotope, in: G. Herz „Lehrbuch der Kernphysik", Bd. 3, Angewandte Kernphysik, Teubner Leipzig 1962, S. 221
[87] *K. Y. Tserng, P. D. Klein*, s. Zitat [3] S. 147
[88] *I. Björkhem, I. Holmberg*, s. Zitat [2] S. 351
[89] *H. Ch. Curtius, U. Redweik, B. Steinmann, W. Leimbacher, H. Wegmann*, s. Zitat [2] S. 385
[90] *A. I. Schatenstein*, Isotopenaustausch und Substitution des Wasserstoffs in organischen Verbindungen, VEB Deutscher Verlag der Wissenschaften, Berlin 1963
[91] *K. D. Schuster, K. P. Pflug, J. P. Picholka, H. Förstel*, s. Zitat [3] S. 563
[92] *S. B. Brown, R. F. G. J. King*, Biochem. J. **150** (1975) 565
[93] *A. Mayevsky, B. Sjöquist, C.-G. Fri, D. Samuel, G. Sedvall*, Biochem. Biophys. Res. Commun. **51** (1973) 746
[94] *N. A. Matwiyoff, T. E. Walker*, s. Zitat [4] S. 265
[95] *R. C. Murphy, F. S. Anderson, K. L. Clay*, s. Zitat [3] S. 139
[96] *H. Susskind, P. Richards, H. L. Atkins*, s. Zitat [2] S. 303
[97] *J. W. Hansen, S. G. Prussin, G. S. Gordan*, s. Zitat [2] S. 325
[98] *D. D. Miller, C. van Darrell*, Amer. J. Clin. Nutr. **32** (1979) 2354

Originalarbeiten

Photochemische Quecksilber-Isotopentrennung

G. Müller, D. Hessel, H. Schmidt, W. Häußler, U. Offermanns

(Zentralinstitut für Isotopen- und Strahlenforschung der AdW der DDR)[1])

Herrn Prof. Dr.-Ing. *J. Mühlenpfordt* zum 70. Geburtstag gewidmet

Es wird eine Methode zur Anreicherung des Isotops ^{196}Hg durch isotopenselektive Photooxydation von Quecksilberdampf beschrieben. Sie beruht auf der Benutzung von Niederdruck-Gasentladungslampen, die mit ^{198}Hg gefüllt sind und so betrieben werden, daß eine schwache Selbstabsorption auftritt, und auf der Anwendung einer Filterschicht mit natürlichem Quecksilberdampf. Im günstigsten Falle wurde das Verhältnis der Häufigkeiten der Isotope ^{202}Hg/^{196}Hg vom natürlichen Wert 200 auf 1,5 gebracht. Die maximale Isotopenhäufigkeit von ^{196}Hg im Reaktionsprodukt betrug über 5 Atom-%.

Keywords

isotope ratio; isotope separation; mercury 196; mercury isotopes; photoexcitation; spectroscopy

1. Einleitung

Eines der Hauptziele, die mit der Trennung der stabilen Isotope des Quecksilbers verfolgt werden, ist die Herstellung eines Ausgangsprodukts für die Gewinnung des radioaktiven Isotops ^{197}Hg, das zu Präparaten für Nierenfunktionsprüfungen weiterverarbeitet wird. ^{197}Hg entsteht durch Bestrahlung des stabilen Quecksilberisotops ^{196}Hg mit Neutronen. Natürliches Quecksilber besteht jedoch aus sieben stabilen Isotopen. Aus dem häufigsten der stabilen Quecksilberisotope, ^{202}Hg, bildet sich bei der Neutronenbestrahlung unerwünscht das radioaktive Isotop ^{203}Hg. Dieses hat für medizinische Anwendungen eine zu hohe Lebensdauer und eine zu hohe spezifische Aktivität. Um nun ^{197}Hg mit einer genügend hohen Reinheit in bezug auf ^{203}Hg herzustellen, ist es erforderlich, das Verhältnis der Häufigkeiten der stabilen Isotope ^{202}Hg/^{196}Hg, das im natürlichen Quecksilber etwa 200 beträgt, durch Anreicherung von ^{196}Hg und gleichzeitige Abreicherung von ^{202}Hg etwa auf den Wert 1 bis 2 zu bringen.

Sieht man vom Uran ab, so wurden bisher alle Isotope größerer Massenzahlen fast ausschließlich durch elektromagnetische Trennverfahren angereichert. Das Quecksilber bildet dabei eine Ausnahme, weil es möglich ist, seine Isotope auch durch photochemische Methoden unter Nutzung nichtkohärenter Lichtquellen zu trennen.

Das Prinzip der photochemischen Quecksilberisotopentrennung besteht darin, mit Sauerstoff gemischten Quecksilberdampf mit schmalbandigen Lichtquellen zu bestrahlen und dadurch gezielt nur bestimmte Isotope durch Lichtabsorption anzuregen und bereits bei Raumtemperatur zur Oxidbildung zu befähigen. Im Ergebnis dessen sind diese Quecksilberisotope gegenüber dem Ausgangsstoff im Reaktionsprodukt angereichert. Die Trennung des Reaktionsprodukts vom nicht zur Reaktion gekommenen Quecksilber erfolgt auf chemischem Weg. Die Voraussetzungen sind beim Quecksilber besonders günstig, weil es bereits bei Zimmertemperatur einen relativ hohen Dampfdruck besitzt, weil es bei $\lambda = 253{,}6$ nm eine Resonanzlinie aufweist, in der Isotopieverschiebungen größer sind als die Dopplerbreiten der einzelnen Komponenten und weil die Lebensdauer des angeregten Elektronenzustandes mit 10^{-7} s relativ groß ist.

Seit 1952 erschienen zahlreiche Arbeiten, die hier nicht vollständig zitiert und referiert werden. Es sei jedoch auf

[1]) 7050 Leipzig, Permoserstr. 15

die ausführlichen Literaturübersichten in den Arbeiten von *Rozenberg* [1] und *Morand* [2] verwiesen, in denen besonders die photochemischen Probleme im Detail diskutiert werden. Spektroskopische Zusammenhänge werden ausführlich in [6] dargelegt.

Die spektroskopischen Aufgabenstellungen, die sich für eine selektive Photoanregung des Isotops ^{196}Hg bei gleichzeitiger Unterdrückung der Anregung des Isotops ^{202}Hg ergeben, werden durch das Absorptionsspektrum des natürlichen Quecksilbers verdeutlicht. Abb. 1 zeigt die Hyperfein- und Isotopiestruktur der Absorptionslinie $\lambda = 253{,}6$ nm, die für $T = 300$ K und für verschiedene Drücke berechnet wurde, wobei unter dem Druck der Gesamtdruck von Gasgemischen, zum Beispiel von Reaktionsgemischen, zu verstehen ist und der Partialdruck des Quecksilbers der Sättigungstemperatur entspricht. Die Absorption der Komponente ^{196}Hg ist nur als geringfügige Störung zwischen den Komponenten ^{198}Hg und ^{199B}Hg + ^{201c}Hg (Überlagerung) zu erkennen. Als nichtkohärente Lichtquelle dient gewöhnlich eine Niederdruck-Gasentladung in Quecksilberdampf, die zur Emission der intensiven Resonanzlinie bei 253,6 nm führt. Bis auf unbedeutende Abweichungen gleicht die Struktur der Quecksilberdampf-Emissionslinie derjenigen der Absorptionslinie. Da die relative Anregungswahrscheinlichkeit für ein spezielles Quecksilberisotop in erster Näherung durch dessen Extinktion und damit durch dessen Konzentration (sie beträgt im natürlichen Isotopengemisch bei ^{196}Hg nur 0,15%) in der Absorptions- bzw. Reaktionsschicht bestimmt wird, ist für eine möglichst selektive Photoanregung des Isotops ^{196}Hg eine Lichtquelle mit hoch angereichertem ^{196}Hg erforderlich. Daher gelang auch erst eine merkliche Anreicherung dieses seltenen Isotops, als genügend angereichertes ^{196}Hg zur Verfügung stand, um Lichtquellen mit der geeigneten spektralen Charakteristik herzustellen.

Erwähnt sei in diesem Zusammenhang besonders die Arbeit von *Morand* und *Nief* [3]. Dort wird beschrieben, daß mit Hilfe einer Lichtquelle mit 21-Atom% ^{196}Hg eine Anreicherung von ^{196}Hg im Quecksilberoxid, dem Produkt der Photoreaktion, von 0,15 auf 5 Atom-% erreicht wurde. Eine noch höhere Anreicherung (auf 11 Atom-% ^{196}Hg) ergab sich, nachdem das Licht vor Eintritt in die Reaktionsküvette eine Filterschicht mit natürlichem Quecksilberdampf durchlief. Selbst Quecksilber, in dem ^{196}Hg nur auf ca. 20 Atom-% angereichert wurde, ist relativ teuer, und da Gasentladungslampen wegen der unvermeidlichen Gasaufzehrung nur eine endliche Lebensdauer besitzen, muß damit gerechnet werden, daß daraus ein erheblicher Kostenanteil entsteht. Aus diesem Grund wurde geprüft, wie hoch ^{196}Hg photochemisch angereichert werden kann, ohne daß dieses teure Isotop zur Füllung der Lichtquellen benutzt werden muß. Dabei sollten das Prinzip der Lichtfilterung angewendet und Möglichkeiten der Erzeugung eines geeigneten spektralen Profils durch andere Lichtquellen untersucht werden.

Ausgangspunkt unserer Überlegungen waren die Ergebnisse eines Versuches von *McDonald* und *Gunning* [4]. Sie bestrahlten ein Quecksilberdampf-Sauerstoff-Gemisch bei 8 Torr und Zimmertemperatur und verwendeten als Lichtquelle ein mit ^{198}Hg gefülltes Gasentladungsrohr. Die

Tab. 1. Isotopenzusammensetzung (in Atom-%) des Reaktionsprodukts im Einschichtreaktor als Funktion des Druckes

Reaktor-Schichtdicke: 1 cm: Quelle: 97% ^{198}Hg, 5 Torr Argon, 15 °C, Dmr. 0,3 cm

Druck Torr	196	198	199	200	201	202	204
80	0,17	12,2	23,4	23,4	16,9	16,7	7,2
20	0,09	27,0	16,8	13,5	29,1	8,5	4,9
10	0,06	49,0	4,6	2,7	41,1	1,1	0,9
5	0,05	63,5	4,9	4,1	22,3	3,8	1,2
Nat. Hg	0,15	9,9	16,9	23,1	13,0	30,3	6,8

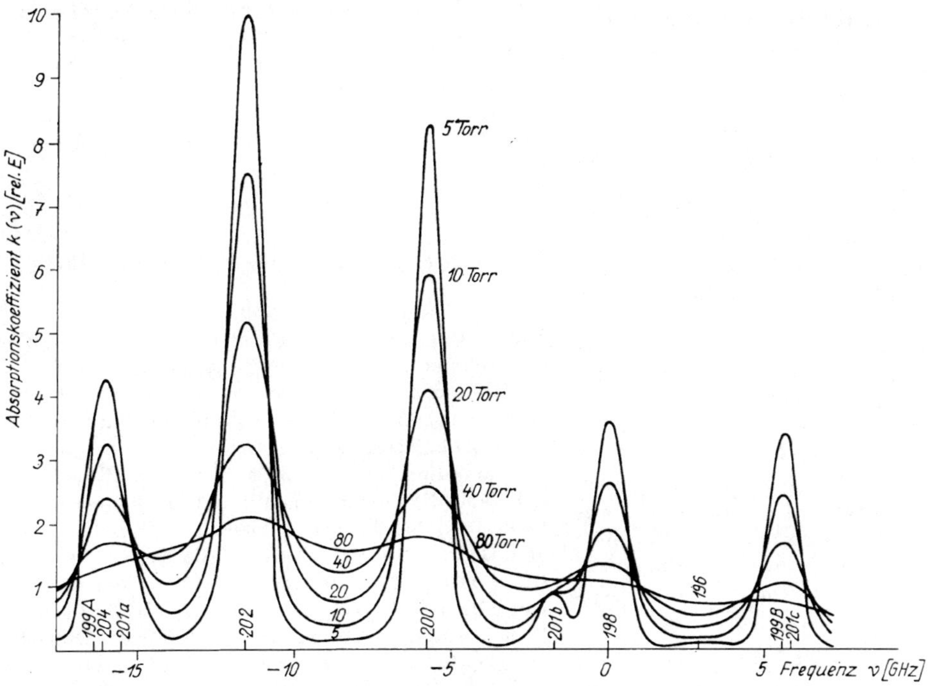

Abb. 1. Isotopie- und Hyperfeinstruktur der Absorptionslinie Hg 253 nm in Abhängigkeit vom Druck (T = 300 K)

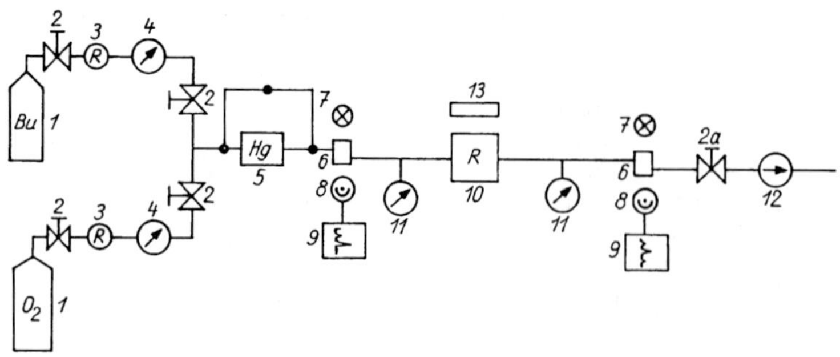

Abb. 2. Schema zur Versorgung eines Kanals mit Reaktionsgemisch (vereinfacht)

1 – Druckgasflasche; 2 – Drosselventile (ca. 1 ata → 10 Torr); 3 – Regler (1 ata + 300 ... 1000 mm WS); 4 – Strömungsmesser (0 ... 100 N cm³/min); 5 – Sättiger; 6 – Meßküvette; 7 – Niederdruck-Analysenlampe; 8 – Photozelle; 9 – Mikroamperemeter; 10 – Reaktor; 11 – Druckmesser; 12 – Vakuumpumpe; 13 – Lichtquelle; ● – Absperr- bzw. 3-Wege-Ventile

Anregung erfolgte mit einem 200 MHz-Hochfrequenz-Generator. Das Gasentladungsrohr wurde nicht gekühlt und nahm daher eine Temperatur an, die von den Autoren auf 150 °C geschätzt wurde. Dadurch trat in der Entladung eine erhebliche Selbstabsorption auf. Dies führte dazu, daß im Reaktionsprodukt ^{198}Hg stark abgereichert und das Randisotop ^{204}Hg sehr stark angereichert wurde (vgl. Zeile 6 in Tab. 1).

Dieser große Einfluß der Selbstabsorption erschien es uns wert, zu prüfen, ob sich letztere in Verbindung mit dem Prinzip der Isotopenfilterung in dosierter Form für eine Anreicherung von ^{196}Hg nutzen läßt. Dabei wurde berücksichtigt, daß ^{198}Hg radiochemisch herzustellen und wesentlich billiger ist als angereichertes ^{196}Hg.

2. Theoretische Grundlagen

Die Selektivität der Reaktion beruht auf der Überwindung der Aktivierungsenergie für die Oxydation von Quecksilberdampf mit molekularem Sauerstoff bei Zimmertemperatur durch isotopenselektive Photoanregung des Quecksilbers. Die Wellenlänge des absorbierten Lichts $\lambda = 253{,}6$ nm entspricht einer Energie von 4,86 eV oder 112 kcal/Mol.

Die hohe Lebensdauer des angeregten Zustandes (10^{-7} s) ermöglicht es, daß es innerhalb der Zeit, in der sich ein Quecksilberisotop im angeregten Zustand befindet, mit einer genügend hohen Wahrscheinlichkeit zu Stößen mit Sauerstoffmolekülen kommt. Dadurch bildet sich über einen angeregten Komplex (mit einem Zusatzgas) Quecksilberoxid. Als Zusatzgas hat sich Butadien-1,3 am besten bewährt. Als Komplexbildner nimmt es die bei der Reaktion auftretende Überschußenergie auf und verhindert damit den Wiederzerfall des gebildeten Oxids. Darüber hinaus desaktiviert es angeregte Sauerstoffmoleküle, die eine nicht isotopenspezifische Oxydation von Quecksilber bewirken würden. Umfangreiche Untersuchungen früherer Autoren haben ergeben, daß sich als Reaktionsgemisch am besten ein Gemisch von Sauerstoff–Butadien 4:1 eignet, das mit Quecksilberdampf im Bereich von 20–40°C gesättigt wurde. Der optimale Gesamtdruck für die photochemische Reaktion liegt bei 5–10 Torr (1 Torr = 133,3 Pa).

In einer vorangegangenen Publikation [5] wurde ein Modell entwickelt, das eine Abschätzung der zu erwartenden Isotopenzusammensetzung des Reaktionsprodukts gestattet. Es beruht auf der Berechnung von relativen Reaktionswahrscheinlichkeiten W_i, die als Produkt aus der integralen Absorption A_i, der isotopen Komponenten und der Lebensdauer τ_i ihrer angeregten Spezies aufgefaßt wurden:

$$W_i = A_i \cdot \tau_i \Big(\sum_j A_j \cdot \tau_j\Big)^{-1}$$

Die relativen Reaktionswahrscheinlichkeiten wurden für verschiedene Anwendungsfälle berechnet, z. B. für Quellen mit natürlichem Quecksilber, für „weiße" Quellen (die im gesamten Spektralbereich der Hg-Resonanzlinie mit gleicher Intensität strahlen), für schmalbandig durchstimmbare Laserquellen, für Quellen mit 10–20% ^{196}Hg und für Quellen mit ^{198}Hg unter Berücksichtigung von Selbstabsorptionsprofilen. Die Ergebnisse [5] zeigen, daß ein wesentlicher Einfluß auf die Reaktionswahrscheinlichkeit in der Reaktorschicht von vorgeschalteten Quecksilberdampf-Filterschichten ausgeht und daß Variationen des spektralen Profils der Lichtquelle zu den angestrebten Anreicherungsergebnissen führen können. Geeignete spektrale Profile können durch die Wahl der Isotopenzusammensetzung des Quecksilbers in der Quelle oder durch gezielte Beeinflussung des Profils der Emissionslinien (z. B. durch Selbstabsorption) erzeugt werden.

In dieser Arbeit werden Untersuchungen, die zur experimentellen Stützung des Modells in [5] durchgeführt wurden, detaillierter dargestellt.

3. Experimenteller Aufbau und Meßverfahren

Mit der Gaszusammensetzung, dem Arbeitsdruck und der Temperatur sind bereits die wesentlichsten Vorgaben für die Technologie des Verfahrens festgelegt.

Während andere Autoren in der Mehrzahl Umlaufverfahren anwendeten, haben wir ein Durchlaufverfahren gewählt. Abb. 2 zeigt eine schematische Darstellung der Versuchsanordnung. Sie bezieht sich auf einen Reaktionskanal, d. h. auf die Versorgung eines Bestrahlungsraumes mit Reaktionsgemisch. Die beiden Komponenten Sauerstoff und Butadien wurden Druckgasflaschen (1) entnommen. Durch zwei Feindruckregler (3) wurden konstante Drücke von 1 bzw. 0,3 mWs erzeugt (1 mWs = 9,81 kPa). Diese Drücke waren die Vordrücke für verstellbare Drosselventile (2). Die Strömung des Gemisches wurde durch eine Vakuumpumpe (12) realisiert, welche, abgesehen von geringen strömungsabhängigen Druckverlusten, auf dem gesamten

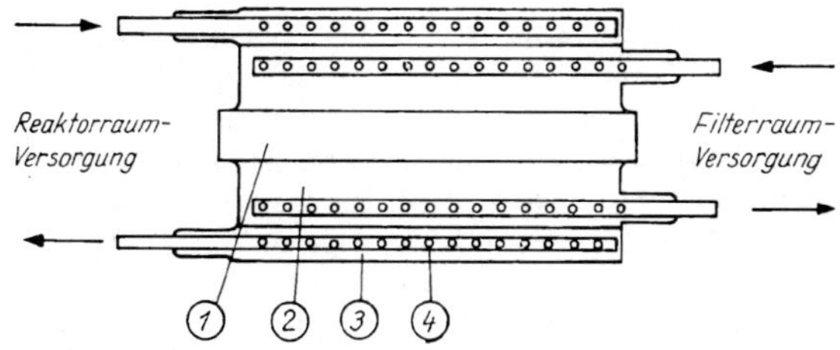

Abb. 3. Reaktionsgefäß mit Gasverteiler-Rohren

Strömungsweg (2 bis 12) den Arbeitsdruck aufrechterhielt. Auf diese Weise wurden Sauerstoff und Butadien nur unter vermindertem Druck (~ 10 Torr), also außerhalb der Explosionsgrenzen, gemischt. Das Reaktionsgemisch wurde im Verdampfer (5) mit Quecksilberdampf beladen. In der Meßzelle (6) konnte die Konzentration des Quecksilberdampfes im Reaktionsgemisch gemessen werden. Dazu wurde die Meßzelle mit dem Licht einer Quecksilber-Niederdrucklampe (7) durchstrahlt, dessen konzentrations- und druckabhängige Schwächung durch die Photozelle (8) nachgewiesen und durch das Anzeigegerät (9) registriert wurde. Eine Druckmessung erfolgte mittels der Manometer (11) vor und hinter dem photochemischen Reaktor (10). Hinter dem Reaktor konnte die Quecksilberdampfkonzentration durch die Elemente (6 bis 8) ein weiteres Mal gemessen werden. Dadurch ließ sich feststellen, wieviel Quecksilberdampf infolge der Oxidbildung aus dem Reaktionsgemisch entfernt wurde. Vor der Vakuumpumpe (12) befand sich ein weiteres Drosselventil (2a). Die Strömungsgeschwindigkeiten der Komponenten des Gemisches der Reaktionspartner wurden einzeln und bei Normaldruck mit Staudruckströmungsmessern gemessen.

Das Reaktionsgefäß, Abb. 3, und die stabförmige Lichtquelle waren koaxial angeordnet. Das Reaktionsgefäß bestand aus Quarzglas. Es hatte einen Durchmesser von 112 mm und eine Länge von 200 mm. Durch die koaxiale Verschmelzung mehrerer Rohre entstanden ein Aufnahmerohr (1) für die Lichtquelle, eine Filterschicht (2) von 36 mm Dicke und eine Reaktorschicht (3) von 10 mm Dicke. Alle Gaszuführungsleitungen befanden sich an den Stirnseiten. Über Kugelschliffverbindungen war das Reaktionsgefäß mit der Gasversorgungseinrichtung verbunden.

Zur homogenen Verteilung des Gasstromes im Reaktor waren Verteilerrohre (4) vorhanden.

Die Lichtquelle bestand aus Quarzglas von 1 bis 1,5 mm Wandstärke. Das Entladungsrohr hatte je nach dem gewünschten Emissionsprofil einen Innendurchmesser von 3 bis 12 mm, war mit einem Kühlmantel umgeben und daher mit Luft oder Wasser temperierbar.

Die Füllung der Lichtquelle bestand aus ca. 5 mg metallischem Quecksilber und ca. 7 Torr eines Edelgases. Die Lichtemission wurde durch hochfrequente Wechselspannung ($f = 27$ MHz) erzeugt, die von einem Kurzwellen-Therapiegerät über Außenelektroden auf die Gasfüllung der Quelle übertragen wurde. Zur Sättigung wurde das Sauerstoff-Butadien-Gemisch beim Arbeitsdruck (ca. 10 Torr) mit Hilfe eingebauter Schikanen über eine 90 cm^2 große temperierte Quecksilberoberfläche geleitet. Das Reaktionsprodukt der photochemischen Reaktion ist Quecksilberoxid, das sich zusammen mit nicht oxydiertem metallischem Quecksilber an den Wandungen des Reaktors abschied. Inwieweit es sich dabei um chemisch reines Oxid handelte oder ob eine mehr oder weniger stabile Verbindung mit einem Oxydations- oder Polymerisationsprodukt des Butadiens vorlag, ist nicht geklärt. Ebenfalls unbekannt sind die physikalischen Eigenschaften dieses Quecksilberoxids, vor allem sein Dampfdruck.

Die Produktgewinnung bestand in der mehrstündigen Bestrahlung eines mit trockenem Gasgemisch betriebenen Reaktors, dessen Abtrennung von der Versorgungseinheit und der anschließenden Ausspülung des Reaktors mit einer Essigsäure-Natriumazetat-Pufferlösung an einer speziellen Auswasch-Apparatur. Während der Auswasch- und Trokkenzeit dieses Reaktors war ein anderer Reaktor an die Apparatur angeschlossen.

Ein Vorteil dieses Verfahrens besteht darin, daß sich während der photochemischen Reaktion keine Flüssigkeiten im Reaktionsgefäß befinden, deren Dampfdrücke den Arbeitsdruck beeinflussen und die zu einer Absorption von metallischem Quecksilber führen können.

Die durch Bestrahlung pro Zeiteinheit gebildete Menge an Quecksilberoxid wurde auf zwei Wegen bestimmt. Die erste Methode bestand im Ablösen des Quecksilberoxids mit Hilfe einer Pufferlösung und nachfolgender Analyse des Quecksilbers nach dem Atomabsorptionsverfahren.

Die zweite Methode beruhte auf der Messung der durch die Photooxidation hervorgerufenen Verminderung der Quecksilberdampfkonzentration am Ausgang des Reaktionsgefäßes. Dazu konnte die in Abb. 2 in Strömungsrichtung hinter dem Reaktionsgefäß angeordnete Meßküvette (6) im Zusammenwirken mit der Analysenlampe (7), der Photozelle (8) und dem Anzeigegerät (9) benutzt werden. Auf Grund der Änderung der Lichtabsorption ließen sich die Hg-Dampfkonzentration, die HgO-Bildungsrate sowie die HgO-Zersetzung durch thermische bzw. Photoeffekte ermitteln. Diese Methode ließ sich für die Optimierung der Strömungsgeschwindigkeit des Reaktionsgemisches anwenden. Die Bestimmung der in seiner isotopen Zusammensetzung veränderten und auch gewinnbaren Quecksilberoxidmenge erfolgte jedoch nach der zuerst genannten, allerdings etwas unbequemen Ablösemethode mit nachfolgender quantitativer Analyse des angereicherten Hg durch Atomabsorptionsspektrometrie. Die Ablösemethode sowie die weitere Aufarbeitungstechnik für die massenspektrometrische Isotopenanalyse sind für die Gewinnung verläßlicher Anreicherungsdaten von Bedeutung. Das durch die Bestrahlung gewonnene Quecksilberoxid wurde mit einer Essigsäure-Natriumazetat-Pufferlösung gelöst. Die Abscheidung des Quecksilbers erfolgte elektrolytisch auf Kupferelektroden, wobei Voraussetzung für ein gleichmäßiges Massenspektrogramm ein langsamer Elektrolyseprozeß war. Die Reproduzierbarkeit der Ergebnisse konnte gesteigert werden, wenn zunächst auf Platin und dann auf Kupfer elektrolysiert wurde.

4. Experimentelle Ergebnisse

Zunächst wurde die mit dem Verfahren erreichbare Selektivität und deren Druckabhängigkeit bei Einsatz von angereichertem ^{198}Hg und ^{202}Hg in der Anregungslampe untersucht. Diese Experimente wurden in Reaktoren ohne Filterschicht durchgeführt. Die Schichtdicke des Reaktors betrug 1 cm, die Temperatur im Verdampfer, der Quecksilber natürlicher Isotopenzusammensetzung enthielt, lag bei 25 °C. Die Niederdruckentladungslampe wurde auf 15 °C temperiert.

Die unter diesen Bedingungen erreichten Isotopenzusammensetzungen des Quecksilberoxids sind in Tab. 1 und

Tab. 2. Isotopenzusammensetzung des Reaktionsprodukts (in Atom-%) im Einschichtreaktor als Funktion des Druckes
Reaktor-Schichtdicke: 1 cm, Quelle: 98,7% ^{202}Hg, 5 Torr Argon, 15 °C, Dmr. 0,3 cm

Druck Torr	196	198	199	200	201	202	204
10	0,01	1,25	2,66	4,24	3,75	86,3	1,8
5	0,01	0,66	1,23	1,79	1,70	93,8	0,7
Nat. Hg	0,15	9,9	16,9	23,1	13,0	30,3	6,8

2 zusammengestellt.*) Beide Tabellen weisen den großen Einfluß des Druckes in der Reaktorschicht auf die Selektivität der Anreicherungsreaktion aus. Es zeigt sich (Tab. 1), daß mit einer ^{198}Hg-Anregungsquelle im Druckbereich von 5–10 Torr im wesentlichen nur die Isotope ^{198}Hg und ^{201}Hg photooxydiert werden. Die Werte für die erzielten Isotopenhäufigkeiten im HgO-Produkt bei Verwendung einer ^{202}Hg-Anregungsquelle (Tab. 2) bei 5 und 10 Torr lassen qualitativ darauf schließen, daß im Reaktionsprodukt noch ein Anteil natürliches Quecksilber vorhanden ist. Er ist vermutlich auf Anregunstransfer durch Stoßprozesse zurückzuführen, die auf Grund des endlichen Drucks im Reaktionsgemisch nicht auszuschließen sind.

Da der massenspektrometrischen Analyse stets die beschriebene Produktisolierung vorausgeht, wird dieser Effekt in nicht bekanntem Maße überdeckt durch eine Isotopenverdünnung, die durch die unvollständige Abtrennung des Produkts von ebenfalls absorbiertem natürlichem Quecksilber nicht ganz vermieden werden kann.

Setzt man für die Experimente mit der ^{198}Hg-Quelle voraus, daß bei einem Druck von 5 Torr im Reaktor und auf Grund der zu erwartenden schmalen Linien in der gekühlten Quelle das Isotop ^{202}Hg durch Absorption nicht angeregt werden kann, so deutet die Isotopenzusammensetzung der Produkte für die Versuche bei 5 Torr auf eine unerwünschte Zumischung von ca. 3% natürlichen Quecksilbers hin, die während der Reaktion und der Produktisolierung zustande kam. Korrigiert man so die Werte, dann würden sich die Isotopenhäufigkeiten für ^{198}Hg auf ca. 71 Atom-% und für ^{201}Hg auf ca. 23,5 Atom-% erhöhen. Analoges gilt für die in Tab. 2 enthaltenen Ergebnisse, die mit der ^{202}Hg-Quelle erzielt wurden. Korrigiert man diese Ergebnisse unter der Annahme, daß theoretisch kein ^{198}Hg-Oxid entstehen dürfte, dann ergibt sich bei 5 Torr eine fiktive Zumischung von 6,7% natürlichen Quecksilbers. Dies würde einer Erhöhung der Häufigkeit des Isotops ^{202}Hg im Produkt auf 98,4 Atom-% entsprechen.

Außer durch den im Reaktionsraum herrschenden Druck kann die Isotopenselektivität der Photooxydation durch die Änderung des Linienprofils der Anregungsquelle wesentlich beeinflußt werden. Dies ist durch Ausnutzung der Selbstabsorption möglich.

* In Tab. 1 bis 4 ist jeweils in der letzten Zeile die Konzentration des natürlichen Hg-Isotopengemischs angegeben.

Tab. 3. Isotopenzusammensetzung des Reaktionsprodukts (in Atom-%) im Einschichtreaktor als Funktion der Temperatur der Quelle
Reaktor-Schichtdicke: 1 cm, Druck: 5 Torr; Quelle: 97% ^{198}Hg, Dmr. 5 mm, 5 Torr Argon

T_L, °C	196	198	199	200	201	202	204
15	0,05	63,5	4,9	4,1	22,3	3,8	1,2
45	0,40	21,0	28,0	13,6	27,6	2,4	7,0
55	0,36	16,9	31,0	15,0	25,8	2,7	8,2
60	0,39	6,1	26,1	21,0	20,8	17,5	8,0
LK	0,57	4,7	24,3	22,6	17,1	22,3	8,4
LK [6]	0,013	0,16	10,7	18,2	24,6	14,3	32,0
nat. Hg	0,15	9,9	16,9	23,1	13,0	30,3	6,8

Tab. 3 enthält die Isotopenzusammensetzung der Produkte, die mit einer mit ^{198}Hg gefüllten Lampe im Einschichtreaktor erhalten wurden. Der Innendurchmesser der Gasentladungsrohre betrug 5 mm, die Temperaturen, auf die ihre Außenwände durch Wasserkühlung gebracht wurden, sind angegeben. Die Bezeichnung L. K. gilt für die gleiche Quelle, die lediglich mit Luftkühlung betrieben

Tab. 4. Isotopenzusammensetzung des Reaktionsprodukts (in Atom-%) im Filterschichtreaktor als Funktion des Drucks und des Quellendurchmessers
Quelle: 97% ^{198}Hg, 5 Torr Argon, T_L = 60 °C; Filter: d = 3,5 cm, Reaktor: d = 1,2 cm

Reaktordruck Torr	Quelle *d*, cm	Schicht	196	198	199	200	201	202	204
10	0,3	Reaktor	1,74	21,4	18,2	20,8	21,4	11,9	4,6
10		Filter	0,91	19,6	21,6	20,9	23,8	8,5	4,8
5	0,3	Reaktor	2,91	22,5	16,1	18,6	24,6	11,5	3,8
5		Filter	1,29	17,9	25,0	18,3	26,0	5,0	6,6
10	1,0	Reaktor	2,83	17,9	22,2	23,3	21,6	8,4	4,5
10		Filter	0,52	13,4	25,4	25,8	20,5	7,7	6,7
5	1,0	Reaktor	5,0	19,8	18,5	20,7	24,1	8,4	3,6
5		Filter	1,6	12,3	26,9	23,5	22,6	6,2	6,9
nat. Hg			0,15	9,9	16,9	23,1	13,0	30,3	6,8

Tab. 5. Isotopenzusammensetzung der Filterschicht und des Reaktionsprodukts im Reaktor (in Atom-%) bei verschiedenen Generatorleistungsstufen
Quelle: ^{198}Hg, luftgekühlt; Reaktordruck: 5 Torr

	196	198	199	200	201	202	204
Filterschicht	0,05	4,0	6,5	8,0	6,0	73,5	1,9
Produkt, Stufe 3	4,62	19,8	22,7	17,5	24,2	7,0	4,1
Produkt, Stufe 4	6,66	14,0	23,8	20,4	20,0	10,4	4,8

wurde. Aus Tab. 3 geht hervor, daß es bereits ohne Filterung möglich ist, durch eine kontrollierte Selbstabsorption eine deutliche Anreicherung des Isotops ^{196}Hg zu erreichen. Darüber hinaus ist die erwartete Abreicherung des Isotops ^{196}Hg mit zunehmender Selbstabsorption in der Quelle erkennbar.

Der starke Einfluß der Schichtdicke, d. h. die Wirkung einer inneren Filterung in der Reaktionsschicht selbst und die Wirkung einer der Reaktionsschicht vorgelagerten Filterschicht auf die Isotopenzusammensetzung des Produkts geht aus den Ergebnissen hervor (Tab. 4), die mit dem in Abb. 3 skizzierten Filterschichtreaktor erzielt wurden. Hier wirkte die Filterschicht nicht nur passiv, indem sich in ihr nur Quecksilberdampf natürlicher Isotopenzusammensetzung befand. Vielmehr wurde auch die Filterschicht mit Reaktionsgemisch beschickt, so daß in ihr ebenfalls eine isotopenselektive Photooxydation ablaufen konnte. Wegen des geringen Umsatzes wurde die Quecksilberdampfkonzentration und die Isotopenzusammensetzung des Dampfes der Filterschicht durch photochemische Reaktion praktisch nicht verändert. Dadurch ergab sich bei den Filterschichtexperimenten dank der getrennten Versorgung der beiden Reaktionskanäle auf die in Abb. 3 angegebene Weise eine zusätzliche Information.

Neben der starken Abhängigkeit der Isotopenzusammensetzung des Quecksilberoxids vom Gesamtdruck des Reaktionsgemisches weisen die Ergebnisse in Tab. 4 noch folgendes aus: Bereits die Vergrößerung der Dicke der Reaktionsschicht von 1 cm auf 3,5 cm allein führt auf Grund einer inneren Filterung zur stärkeren Anreicherung von ^{196}Hg und zur stärkeren Abreicherung von ^{202}Hg. Zu vergleichen sind hierzu die Ergebnisse von Zeile 4 in Tab. 3 mit denen von Zeile 4 in Tab. 4.

Die Ausnutzung eines vor den Reaktor geschalteten Filters (äußerer Filtereffekt) durch räumliche Trennung von Reaktor- und Filterschicht führt zu einer weiteren Erhöhung der Anreicherung von ^{196}Hg. Zu vergleichen sind hierzu die Ergebnisse von Zeile 3 gegenüber Zeile 4 in Tab. 4.

Eine weitere erhebliche Erhöhung der Anreicherung von ^{196}Hg läßt sich dadurch erreichen, daß die Wirkung der Selbstabsorption in der Quelle durch Vergrößerung von deren Durchmesser verstärkt wird. Dazu sind die Ergebnisse in Zeile 7 mit denen in Zeile 3 von Tab. 4 zu vergleichen.

Eine detailliertere Diskussion dieser Ergebnisse wird in [5] durchgeführt.

Eine weitere Erhöhung der Anreicherung von ^{196}Hg und eine Verringerung des Verhältnisses ^{202}Hg/^{196}Hg im Reaktionsprodukt wurde durch Modifizierung der Isotopenzusammensetzung des Quecksilbers in der Filterschicht angestrebt.

Zu diesem Zwecke war der Filterraum mit einer ruhenden Mischung von gesättigtem Quecksilberdampf und 5 Torr Xenon gefüllt. Das Quecksilber wurde durch Mischen von natürlichem Quecksilber mit reinem ^{202}Hg hergestellt, so daß die Häufigkeit des ^{202}Hg 73,5 Atom-% betrug. Bei der Mischung wurde von der Überlegung ausgegangen, daß es neben der stärkeren Abreicherung des ^{202}Hg wünschenswert ist, ^{196}Hg höher anzureichern, wozu die Bildung der Oxide möglichst aller anderen Isotope unterdrückt werden muß. Deshalb wurde der Filterraum nicht mit reinem ^{202}Hg beschickt. Die ^{198}Hg-Quelle mit einem Innendurchmesser von 1 cm wurde durch einen Luftstrom gekühlt und mit dem erwähnten Therapiesender bei Einstellung der Leistungsstufen 3 und 4 angeregt.

In Tab. 5 sind diese Ergebnisse zusammengestellt. Die erste Zeile enthält die Isotopenzusammensetzung der Filtermischung, die beiden anderen Zeilen die Isotopenzusammensetzung des in der Reaktorschicht bei 5 Torr Gesamtdruck gebildeten Quecksilberoxids.

Der Vergleich mit den in Tab. 3, Zeile 5 im Einschichtreaktor unter analogen Bedingungen, aber ohne Filterung, erzielten Ergebnisses ergibt, daß bei dieser Versuchsanordnung starke ^{196}Hg-Anreicherungen erzielt wurden und darüber hinaus ein ^{202}Hg^{196}/Hg-Isotopenverhältnis von 1,5:1 erreicht werden konnte.

Mit den experimentellen Ergebnissen konnte bewiesen werden, daß es durchaus möglich ist, ^{196}Hg photochemisch bedeutend anzureichern, ohne eine Quelle mit hochangereichertem ^{196}Hg verwenden zu müssen.

Um aus den hier dargestellten Anreicherungsprinzipien ein Verfahren zur routinemäßigen Anreicherung von ^{196}Hg zu entwickeln, sind noch einige Probleme zu lösen. Diese betreffen die Stabilität des spektralen Emissionsprofils der mit nur wenig ^{198}Hg gefüllten Lichtquellen, die Vollständigkeit der Fixierung des photochemisch gebildeten Quecksilberoxids und die Vermeidung unerwünschter Kontaminierung des Produkts mit natürlichem Quecksilber.

Die Autoren bedanken sich an dieser Stelle bei den Herren Dr. *M. Herrmann* und Obering. *H. Birkenfeld* für die Ausführung der massenspektrometrischen Isotopenanalysen und bei Herrn Dipl.-Math. *Nickel* für seine Hilfe bei der Anpassung der Modellparameter an die experimentellen Werte.

Eingegangen am 15. 10. 1980

Literatur

[1] *J. Rozenberg*, Separation photochimique des isotopes, Bibliographie No. 56 (1965), Commiss. Energie Atomique, Centre Et des Nucl., Saclay, France
[2] *J. P. Morand*, Rapport CEA-R-4126, Saclay, 1971
[3] *J. P. Morand, G. Nief*, J. Chem. Phys. **65** (1968) 2058
[4] *C. C. McDonald, H. E. Gunning*, J. Chem. Physics **20** (1952) 1817
[5] *G. Müller* u. a., J. of Photochemistry **13** (1980) 109
[6] *K. R. Osborn, C. C. McDonald, H. E. Gunning*, J. Chem. Phys. **26** (1957) 124–33

Ein α-Spektrometer für Untersuchungen mit Umweltnukliden

R. Gellermann[1]), *K. Fröhlich*[1]), *M. Deutscher*[2])

([1]) Bergakademie Freiberg, Sektion Physik; [2]) ZfK Rossendorf)

Herrn Prof. Dr.-Ing. *Justus Mühlenpfordt* zum 70. Geburtstag gewidmet

Es wird ein einfaches α-Spektrometer mit einem Halbleiterdetektor beschrieben, das für die Messung von Umweltnukliden entwickelt wurde. Zur Anpassung an unterschiedliche Meßaufgaben kann die Meßgeometrie durch Variation des Präparat-Detektor-Abstandes und durch Einbau von Blenden verändert werden. Dabei ist eine gewählte Meßgeometrie mit hoher Genauigkeit reproduzierbar. Die Nachweisgrenze des α-Spektrometers beträgt bei einer Meßzeit von 4 · 10⁵ s etwa 2,3 mBq, das entspricht 0,18 μg U bzw. 0,55 μg Th.

Keywords

alpha spectrometers; alpha spectroscopy; environment; pollution control equipment; Si semiconductor detectors; thorium; uranium

1. Einleitung

Die drei in der Natur vorkommenden radioaktiven Umwandlungsreihen bestehen zum großen Teil aus α-Strahlern. Auch einige der künstlich erzeugten und inzwischen in der Natur nachweisbaren Radionuklide, insbesondere Plutoniumisotope, wandeln sich unter Aussendung von α-Strahlen um.

Die große Bedeutung, die viele dieser Nuklide in der Kerntechnik besitzen, ist eine Ursache für das Interesse an einer einfachen und genauen Meßmethodik. Andererseits eignen sich verschiedene Isotopenverhältnisse, z. B. $^{234}U/^{238}U$, $^{230}Th/^{238}U$, $^{226}Ra/^{228}Ra$ als natürliche Umwelttracer zur Bearbeitung geochemischer, geologischer oder auch hydrologischer Probleme [1]. Die langlebigen Nuklide ^{230}Th ($T_{1/2} = 80000$ a) und ^{234}U ($T_{1/2} = 245000$ a) eröffnen dabei die Möglichkeit einer Geochronologie über die Altersgrenze der ^{14}C-Methode von ca. 50000 a hinaus bis zu einem Alter von etwa 10^6 a.

Abgesehen von den gasförmigen Radonisotopen sind zur Messung der hier interessierenden Radionuklide die Massenspektrometrie, die γ-Spektrometrie und die α-Spektrometrie geeignet. Diese drei Methoden sind in Tab. 1 kurz gegenübergestellt. Die α-Spektrometrie ist besonders für genaue Isotopenanalysen bei geringen spezifischen Aktivitäten, wie sie z. B. in natürlichen Wässern vorliegen, geeignet. Störungen des Aktivitätsgleichgewichtes der Umwandlungsreihen können einfach und mit hoher Genauigkeit bestimmt werden.

Die Vorbereitung der Proben zur α-Spektrometrie ist verhältnismäßig aufwendig, da dünne, radiochemisch reine Präparate hergestellt werden müssen. Dicke Präparate weisen auf Grund der hohen Selbstabsorption große Linienbreiten auf, Verunreinigungen der Präparate mit α-aktiven Nukliden anderer Elemente können zu nicht auflösbaren Linienüberlappungen und damit zu Verfälschungen des Spektrums führen.

Im folgenden beschreiben wir ein einfaches α-Spektrometer, das für Routinemessungen schwachaktiver Präparate an der Bergakademie Freiberg entwickelt wurde. Die trotz des einfachen Aufbaus der Meßkammer gegebenen Variationsmöglichkeiten sowohl in bezug auf den eingebauten Detektor als auch bei der Wahl der Meßgeometrie lassen das Spektrometer für andere Meßaufgaben geeignet erscheinen.

2. Aufbau des α-Spektrometers

2.1. *Anforderungen*

An ein α-Spektrometer zur Messung von Umweltnukliden sind folgende Anforderungen zu stellen:

- gute Meßgeometrie (hoher Geometriefaktor);
- gute Reproduzierbarkeit der Meßgeometrie zur Ermittlung der absoluten Präparataktivitäten;
- Halbwertsbreiten der Spektrallinien unter 100 keV;
- einfache Handhabung;
- Langzeitstabilität;
- niedriger Nulleffekt.

Um die geforderte Energieauflösung erreichen zu können, muß zum einen die Massenbelegung des Präparates kleiner als 100 μg/cm² sein, andererseits müssen sich Präparat und Detektor im Vakuum mit Drücken kleiner als 10 Pa

Anschriften: [1]) 9200 Freiberg, Bernhard-von-Cotta-Straße 4; [2]) 8051 Dresden, Pf 19

Tab. 1. Gegenüberstellung einiger Meßverfahren für Isotopenanalysen

	Massenspektrometrie	γ-Spektrometrie	α-Spektrometrie
Probenmengen (Gestein)	0,1 ... 1 g	0,1 ... 1 kg	1 ... 10 g
Probenchemischer Aufwand	hoch	gering	hoch
Gerätetechnischer Aufwand	sehr hoch	hoch	mittel bis hoch
Genauigkeit	sehr gut	unterschiedlich	gut bis sehr gut

befinden. Da die Energieauflösung mit wachsendem Abstand Detektor-Präparat zunimmt [2], ist eine variable Meßgeometrie günstig. Bei ausreichend starken Präparaten kann so eine bessere Energieauflösung erreicht werden.

2.2. *Apparativer Aufbau*

Das α-Spektrometer besteht aus einer Meßkammer mit Halbleiterdetektor (ZfK Rossendorf), einem ladungsempfindlichen Vorverstärker 20037, einer Stromversorgung 20028, einem Linearverstärker VA-V-100 (alles VEB Meßelektronik Dresden) sowie einem Vielkanalanalysator ICA-70 (KFKI Budapest).

Die Meßkammer setzt sich aus dem Kammerkörper, einem Hohlzylinder mit unterschiedlichen Innendurchmessern, Kammerdeckel und Kammerfuß zusammen. Abb. 1 zeigt einen Schnitt durch die Meßkammer.

Die Variation der Meßgeometrie wird durch die besondere Gestaltung des Kammerfußes, der als Präparathalterung dient, ermöglicht. Der Kammerfuß wird von einer zylindrischen Platte gebildet, der ein detektorseitig offener Hohlzylinder aufgesetzt ist. Dieser Hohlzylinder ist der im unteren Teil des Kammerkörpers befindlichen Öffnung genau angepaßt, wodurch das Präparat einfach und sehr exakt justiert wird. Die Meßgeometrie kann durch Benutzung von Unterlegscheiben aus Hartplast und zugehörige Blendenaufsätze variiert werden.

In der benutzten Ausführung ist eine Veränderung des Detektor-Präparat-Abstandes zwischen 2,5 und 12,5 mm möglich. Das entspricht bei einer aktiven Präparatfläche von 133 mm² Geometriefaktoren von 0,22 bis 0,07. Durch Einbau von Blenden ist eine weitere Reduzierung des Geometriefaktors möglich.

Der verwendete Detektor ist ein Oberflächen-Barrieren-Detektor, dessen Parameter in Tab. 2 zusammengestellt sind. Der Detektor befindet sich in einer einfach auswechselbaren Teflonhülse, die mittels einer vom Kammerdeckel gehalterten Andruckvorrichtung mechanisch stabil gelagert wird. Die Verwendung von Detektoren mit anderen Abmessungen ist durch Benutzung einer entsprechend gestalteten Hülse möglich.

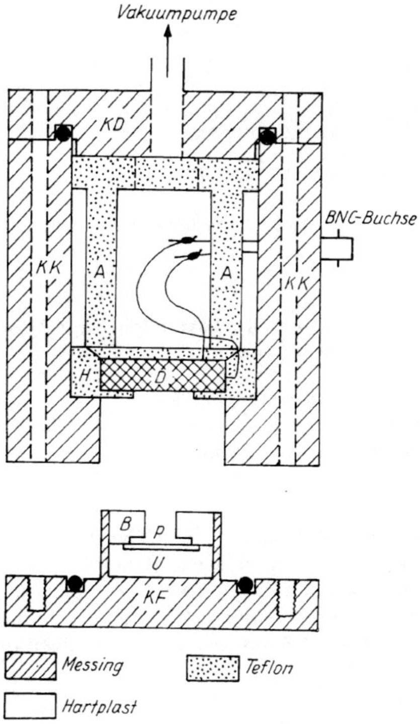

Abb. 1. Aufbau der Meßkammer
KK – Kammerkörper; KD – Kammerdeckel; KF – Kammerfuß; A – Andruckvorrichtung; H – Detektorhülse; D – Detektor; U – Unterlegscheibe; P – Präparat; B – Blende

Tab. 2. Parameter des verwendeten Halbleiterdetektors

Durchmesser	12 mm	
Fenster	< 0,2 μm	
I_{max}	5 μA	
ϱ	15 kΩ cm	
U_{max} (25 °C)	100 V	
R (100 V, 20 °C)	75 MΩ	
ΔE_α	19,8 keV	
Arbeitswiderstand	100 MΩ	(20027)
Arbeitsspannung	200 V	(VA-V-100)

Die Meßkammer ist über ein Zentralrohr mit einer Vorvakuumpumpe und einer Absorptionspumpe (ca. 40 cm³ Zeosorb, gekühlt auf −196 °C, Eigenbau) verbunden. Im Zentralrohr befindet sich ein *Penning-Pirani*-Vakuummeter, das eine ständige Kontrolle des Druckes erlaubt. Da sich die Energieauflösung des Spektrometers bei Temperaturen über 18 °C deutlich verschlechtert, wird die Meßkammer durch ein *Peltier*element leicht gekühlt.

2.3. *Handhabung der Meßkammer*

Auf Grund der geringen Größe und des einfachen Aufbaus ist die Handhabung der Meßkammer unkompliziert. Der Wechsel eines Präparates dauert etwa eine Minute. Nach einer Pumpzeit von 2 ... 3 Minuten kann die Vorvakuumpumpe ab- und die Absorptionspumpe zugeschaltet werden. Letztere genügt, um in der Kammer für die Dauer von 2 ... 3 Wochen ein treibmittelfreies Vakuum mit Drücken von etwa 3 ... 4 Pa zu gewährleisten.

Die Energieauflösung des Vielkanalanalysators ist so zu wählen, daß bei guter Auflösung des gesamten Spektrums eine ausreichende Zählstatistik in den einzelnen Kanälen erreicht wird. Bei den nachfolgend beschriebenen Messungen wurde im allgemeinen mit einer Auflösung von etwa 11 keV/Kanal gearbeitet.

3. Erprobung des α-Spektrometers

3.1. *Ermittlung allgemeiner Geräteparameter*

Geometriefaktoren. Für drei unterschiedliche Präparat-Detektor-Abstände s wurden die Geometriefaktoren G der Meßkammer ermittelt. Dabei wurde ohne ($s = 2,5$ mm) bzw. mit maximal geöffneten Blenden (Blendenöffnung = aktiver Präparatdurchmesser = 13 mm) gearbeitet. Als Eichpräparat diente eine elektrolytisch abgelagerte Quelle mit (130,0 ± 1,0) μg natürlichen Uraniums. Die Meßergebnisse enthält Tab. 3.

Tab. 3. Geometriefaktoren der Meßkammer

	G	
s/mm	gemessen	berechnet
2,5	0,222 ± 0,003	0,222
6,0	0,114 ± 0,002	0,115
8,0	0,081 ± 0,002	0,080

Tab. 4. Reproduzierbarkeit der Meßgeometrie

s/mm	^{238}U	^{234}U	^{232}U	Mittelwert
2,5	0,993	0,985	0,990	0,989
2,5	–	–	1,011	1,011
6,0	0,992	1,022	0,991	1,002
6,0	0,999	0,983	1,005	0,996
8,0	1,025	0,997	0,997	1,006
8,0	1,044	0,983	0,971	0,999
Mittelwert	1,011 ± 0,023	0,994 ± 0,017	0,994 ± 0,014	1,000 ± 0,008

Zur Kontrolle der Messungen wurden die Geometriefaktoren nach der Polynomformel von *Bachmann/Weiß* [3] berechnet. Die Übereinstimmung mit den gemessenen Werten ist sehr gut.

Die Reproduzierbarkeit der Meßgeometrie wurde durch wiederholte Messungen unter gleichen Bedingungen überprüft. Ausgewertet wurden dabei nur solche Messungen, bei denen zwischenzeitlich zumindest ein Präparatwechsel stattfand, z. T. auch die Meßgeometrie verändert wurde.

Die Ergebnisse dieses Tests, der mit drei verschiedenen Uraniumpräparaten durchgeführt wurde, enthält Tab. 4. Die dort angegebenen Zahlen sind Verhältniswerte der gemessenen Zählraten und sollten im Falle idealer Reproduzierbarkeit gleich 1,000 sein. Die in der Tabelle aufgeführten Fehler der Mittelwerte wurden aus der Streuung der Einzelwerte ermittelt. Sie liegen bei allen drei Nukliden im Streubereich der Zählstatistik. Die Meßgeometrie ist folglich sehr gut reproduzierbar.

Nachweisgrenzen. Mit Hilfe der Geometriefaktoren ist es möglich, die Nachweisgrenzen des α-Spektrometers für die wichtigsten Radionuklidverhältnisse abzuschätzen.

Der statistische Fehler f eines Aktivitätsverhältnisses A. R. berechnet sich zu

$$f_{\mathrm{AR}} = \frac{\Delta(A.\,R.)}{A.\,R.} = \sqrt{\frac{1}{N_1} + \frac{1}{N_2}} \qquad (1)$$

wobei die Impulszahlen N_i eines Peaks i abhängig von den Aktivitäten A_i und dem Geometriefaktor G sind:

$$N_i = G \cdot A_i \cdot t \qquad (2)$$

t = Meßzeit

Nimmt man an, daß die Aktivitäten A_1 und A_2 näherungsweise gleich sind, so errechnet sich die notwendige Mindestaktivität $A_{\min}$ zu

$$A_{\min} = \frac{2}{G \cdot t \cdot f_{\mathrm{AR}}^2} \qquad (3)$$

Bei einer Meßgenauigkeit von 10%, wie sie für viele geowissenschaftliche Probleme ausreicht, ergibt sich bei $G = 0{,}22$ und Meßzeiten von 10^5 s eine untere Nachweisgrenze von

$$A_{\min} \approx 9 \text{ mBq}$$

Dieser Wert entspricht etwa 0,7 μg U bzw. 2,2 μg Th.

Bei praktisch durchaus vertretbaren Meßzeiten von $4 \cdot 10^5$ s sinkt die Nachweisgrenze auf ca. 2,3 mBq, das entspricht 0,18 μg U bzw. 0,55 μg Th.

Ist A_2 die Aktivität eines künstlich zugesetzten Spikeisotops wie z. B. ^{232}U, so stellen die berechneten Werte Nachweisgrenzen der betreffenden Elemente dar. In Wasserproben mit einem Ausgangsvolumen von 30 l, die mit einer mittleren chemischen Uraniumausbeute von 70% und mehr aufbereitet werden können [4], liegt folglich die Nachweisgrenze für Uranium bei etwa 0,01 μg/l.

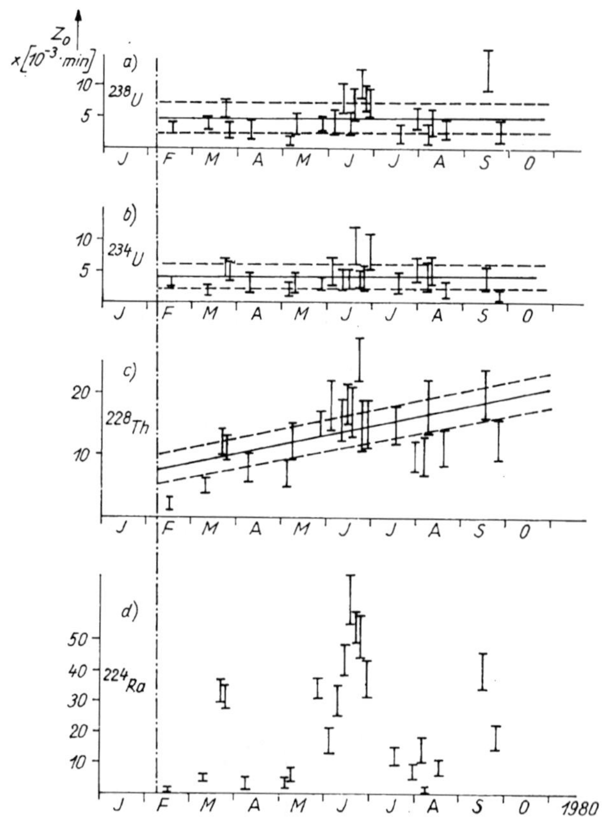

Abb. 2. Langzeitmessungen der Nulleffekte in einigen wichtigen Energiebereichen

Nulleffekt. Langzeitmessungen des Nulleffektes Z_0 für vier wichtige Energiebereiche sind in Abb. 2 dargestellt.

Zur Überprüfung linearer Trends

$$Z_0 = a + b \cdot t_{\mathrm{D}} \qquad (4)$$

(t_{D} = Zeit seit Inbetriebnahme des Detektors; in Tagen) wurde eine Regressions- und Korrelationsanalyse dieser Daten durchgeführt, deren Ergebnisse in Tab. 5 zusammengefaßt sind. Für beide Uraniumisotope ist der Nulleffekt stabil, während beim ^{228}Th ein leichtes Anwachsen mit der Zeit nachweisbar ist.

Abgesehen von Messungen an der unteren Nachweisgrenze sind die Nulleffekte gering. Auf Grund der relativ guten Stabilität insbesondere im Energiebereich der Uraniumisotope bereitet ihre Berücksichtigung bei der Meßauswertung keine Schwierigkeiten.

Tab. 5. Ergebnisse der Regressions- und Korrelationsanalyse des Nulleffektspektrums
r — Korrelationskoeffizient; *) ohne Messung vom 15. September 1980

Nuklid	Energiebereich MeV	*a* 10^{-3} min^{-1}	*b* $\frac{10^{-3}\ \text{min}^{-1}}{\text{d}}$	*r*	*N*
^{238}U	3,65 ... 4,22	4,8 ± 2,5	0,00 ± 0,01	0,064	21*)
^{234}U	4,41 ... 4,78	4,1 ± 2,0	0,00 ± 0,01	−0,005	22
^{228}Th	4,95 ... 5,46	7,8 ± 2,3	0,05 ± 0,02	0,522	22

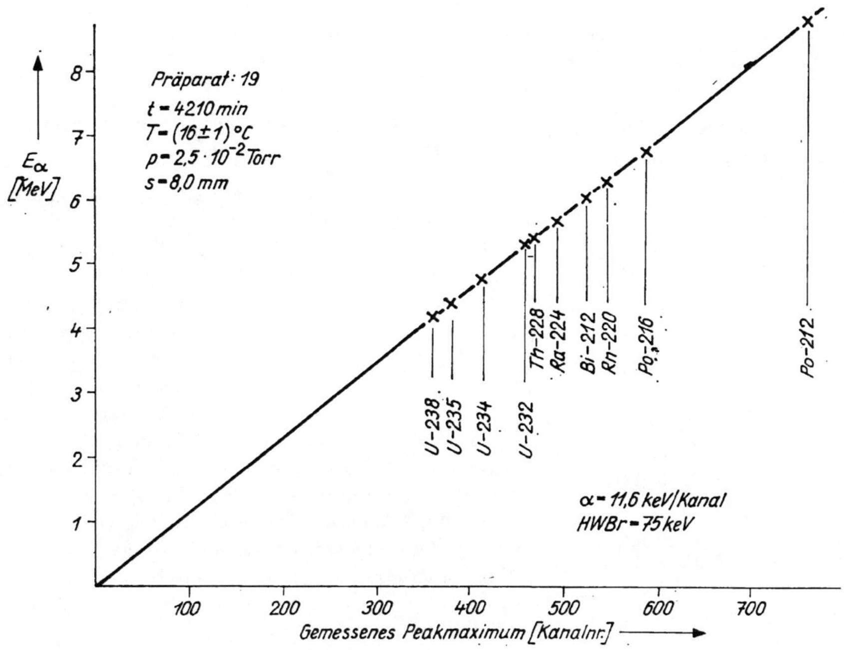

Abb. 3. Linearität der Energieauflösung

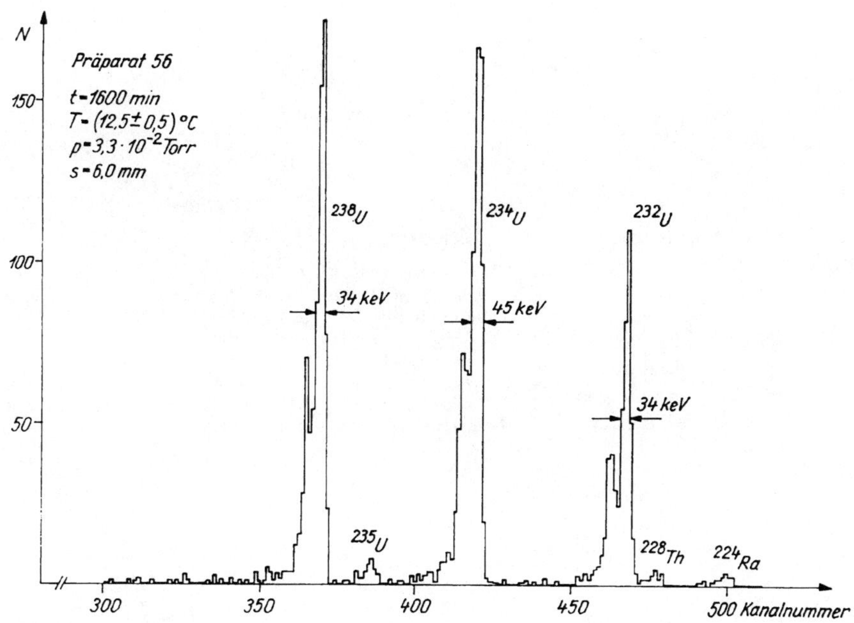

Abb. 4. Gemessenes α-Spektrum

Das Anwachsen des ^{228}Th-Nulleffektes wird von Rückstoßkernen, die sich auf den Kammerwänden und der Detektoroberfläche absetzen, hervorgerufen. Da sich die Energiebereiche des ^{228}Th und ^{232}U überlappen, kommt es auch zu einem leichten Anstieg des ^{232}U-Nulleffektes.

Eine schnelle und deutliche Zunahme des Nulleffektes in den Energiebereichen kurzlebiger Tochterprodukte (wie z. B. ^{224}Ra und Nachfolger) beobachtet man nach der Messung der entsprechenden Mutternuklide. Wie Abb. 2d zeigt, können dabei beachtliche Impulsraten erreicht werden. Der starke Anstieg im Juni 1980 wurde von einem Präparat mit 35 mBq ^{228}Th-Aktivität verursacht. Das Verhältnis der Zählraten $Z_0/Z_{Th\text{-}228}$ betrug dabei im Maximum etwa 0,13.

Die ^{224}Ra-Kontamination der Meßkammer klingt nach Entfernung des Präparates jedoch relativ schnell ($T_{1/2}$ = 3,64 d) ab.

Linearität der Energieauflösung. Voraussetzung für die Identifizierung unbekannter α-Peaks ist die genaue Energiebestimmung. Aus diesem Grund wurde durch die Messung eines längere Zeit gelagerten Präparates, bei dem die Tochternuklide des ^{232}U eine genügende Aktivität erreicht hatten, die Linearität der Energieauflösung im Bereich zwischen 4,19 MeV (^{238}U) und 8,78 MeV (^{232}Po) überprüft. Wie Abb. 3 zeigt, ergab sich eine ausgezeichnete Linearität im untersuchten Energiebereich.

Tab. 6. Beispiele für die Isotopenvariationen des Uraniums in Wässern der DDR

	Probennahme Datum	U µg/l	^{234}U^{238}/U
Flußwasser	7. 5. 79	1,7	1,43 ± 0,04
	20. 6. 79	1,59 ± 0,03	1,32 ± 0,01
	13. 9. 79	1,75 ± 0,03	1,54 ± 0,03
Bachwasser (Vogtl.)	12. 5. 80	0,23 ± 0,01	0,93 ± 0,05
Meerwasser	8. 8. 79	1,23 ± 0,02	1,15 ± 0,02
Grundwasser	23. 8. 79	1,31 ± 0,04	6,20 ± 0,12

Temperaturabhängigkeit. Die Langzeitstabilität des α-Spektrometers wird vor allem durch Peakverschiebungen bei Temperaturschwankungen beeinträchtigt. Messungen bei Detektortemperaturen von 11 °C bis 17 °C ergaben einen linearen Zusammenhang zwischen der Lage des Peakmaximums und der Temperatur mit einem Anstieg von etwa 11 keV/K. Ein ähnliches Verhalten von Oberflächen-Barrieren-Detektoren, allerdings mit einer wesentlich schwächeren Temperaturabhängigkeit, wurde auch von *Calligaris* u. a. [5] beschrieben.

Bei Temperaturen über 20 °C verschlechtert sich die Energieauflösung des Detektors deutlich. Die Halbwertsbreiten der α-Linien liegen bei diesen Temperaturen bei etwa 100 keV und darüber.

Bei stabilen Detektortemperaturen von 15 °C und tiefer konnten hingegen bei entsprechend dünnen Präparaten und einem Präparat-Detektor-Abstand von 6,0 mm Halbwertsbreiten von 34 keV erreicht werden. Ein solches Spektrum zeigt Abb. 4.

3.2. *Anwendung zur Messung natürlicher Isotopenvariationen schwerer Radionuklide*

Das beschriebene α-Spektrometer hat sich zur Messung natürlicher Isotopenvariationen schwerer Radionuklide im Rahmen geowissenschaftlicher Untersuchungen (u. a. hydrogeologische und ozeanologische Anwendungen) an der Bergakademie Freiberg bewährt. Einige typische Meßresultate für das Aktivitätsverhältnis der Uraniumisotope ^{234}U/^{238}U zeigt Tab. 6, und Beispiele für die gemessenen Isotopenverhältnisse des Thoriums gibt Tab. 7.

Für natürliche Wässer ist ein deutlicher, teilweise sogar starker ^{234}U-Überschuß charakteristisch. Vereinzelt werden aber auch Wässer mit einem ^{234}U-Defizit angetroffen. Während bei Grundwässern das Aktivitätsverhältnis ^{234}U/^{238}U im allgemeinen zeitlich stabil ist, zeigen die Flußwasseranalysen deutliche zeitliche Schwankungen.

Eine ausführliche geowissenschaftliche Interpretation dieser und weiterer Messungen wird an anderer Stelle publiziert.

Eingegangen am 27. 10. 1980

Tab. 7. Beispiele für Isotopenvariationen des Thoriums

	Probennahme Datum	Th ppm	^{230}Th/^{232}Th	^{227}Th/^{235}U
Quellablagerungen (Vogtland)	24. 7. 79	1,5 ± 0,2	830 ± 150	–
Meerwasser-Suspension	20./21. 7. 80	3,3 ± 0,8	1,02 ± 0,12	–
Grundwasser (Vogtland)	12. 5. 80	$\lesssim 5 \cdot 10^{-6}$	–	0,45 ± 0,15

Literatur

[1] *В. И. Ферронский, В. Т. Дубинчук, В. А. Поляков, Ю. Б. Селецкий, В. М. Купцов, А. В. Якубовский*, Природные изотопы гидросферы, Москва „Недра" 1975

[2] *W. Litzow*, Dissertation, Aachen 1969

[3] *P. Komarek*, ATKE **12** (1967) 331

[4] *R. Gellermann, K. Fröhlich*, J. Radioanal. Chem. (in Vorbereitung

[5] *F. Calligaris, P. Ciuti, I. Gabrielli, R. Giacomich*, Nucl. Instr. and Meth. **112** (1973) 591

Some Practical Applications of Tracing and Extrapolation Methods in Absolute Standardization*)

M. Sahagia

(Institute for Nuclear Physics and Engineering Bucharest)[1])

The absolute standardization of two solutions of ^{137}Cs and $^{144}Ce + ^{144}Pr$ was achieved by tracing and extrapolation methods. For ^{137}Cs, a ^{134}Cs standard solution was used as tracer. The overall uncertainties in the standardization of the two solutions were 1·5% and 1% respectively.

Keywords

absolute counting; cesium 137; cerium 144; praseodymium 144; radioactivity; solutions; standardization

1. Introduction

The radionuclides ^{137}Cs and ^{144}Ce + ^{144}Pr are beta-gamma emitters decaying to the ground or metastable levels; they emit beta particles which are not accompanied by coincident gamma rays, needing special tracing and extrapolation methods in the standardization.

The main aspects connected with the unified treatment of the two methods for this kind of radionuclides were presented previously [1, 2]. For these radionuclides (pure beta emitter and tracer combination as well as beta-gamma emitter) and applying "linearity conditions", the following relationship was written, suitable for a "Triangular equivalent disintegration scheme".

$$N_\beta/N_0 = 1 - K(1 - N_c/N_\gamma) - a_2(1 - \varepsilon_{\beta 2}) \quad (1)$$

where:

N_0 — activity of the source (total activity in the case of tracer method)

N_β, N_γ, N_c — beta, gamma and coincidence counting rates

a_2 — ground level branching ratio (ratio of pure beta-emitter activity to total activity)

$\varepsilon_{\beta 2}$ — detection efficiency of the ground level beta transition (pure beta spectrum)

K is a constant

Thde extrapolation procedure provides the explicit shape of the function:

$$\varepsilon_{\beta 2} = f(1 - N_c/N_\gamma) \quad (2)$$

where N_c/N_γ represent a sort of mean efficiency:

$$\varepsilon_{\beta 1} = N_c/N_\gamma \quad (3)$$

The special problems appearing in the two mentioned practical cases are described in detail.

2. Standardization of the ^{137}Cs solution

^{137}Cs is a beta-gamma radionuclide, decaying to the ground level (5·2%) and to the 662 keV ^{137m}Ba level of 2·6 min. For its standardization, the tracer method was used. The ideal tracer is ^{134}Cs which offers maximum uniformity of the mixture ^{134}Cs + ^{137}Cs in the sources. The overall uncertainty (accuracy) of the ^{134}Cs standard solution used as tracer was 0·2% (68·3% confidence level).

*) Vortrag, gehalten beim „Internationalen Erfahrungsaustausch auf dem Gebiet der Messung ionisierender Strahlung" in Berlin, 13.–16. Mai 1980

[1]) Anschrift: POB 5206, Bucharest – Romania

The first care was to avoid the detection of the 662 keV quantum of ^{137}Cs in the gamma channel. As presented in fig. 1, the correspondent photopeak is not resolved from the main 605 keV peak of ^{134}Cs (a NaI(Tl) detector was used)

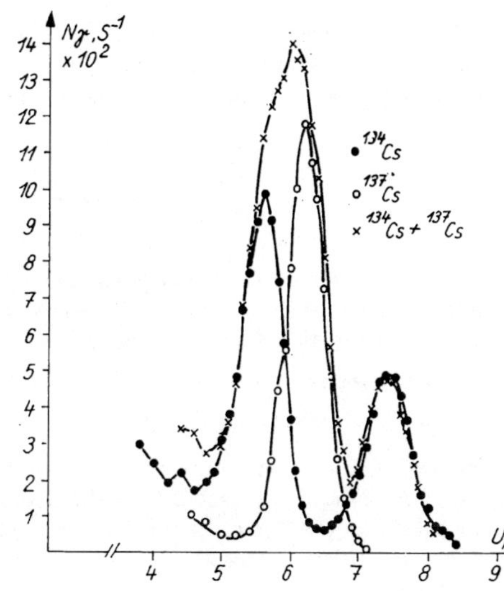

Fig. 1. ^{134}Cs, ^{137}Cs, ^{134}Cs + ^{137}Cs gamma spectra; NaI(Tl) detector

So, the use of a gamma discrimination level higher than 700 keV is required. Using a gamma window placed on the 795·8 keV + 802 keV photopeak (i.e. a 700–1000 keV window) one may fulfill the ideal linearity condition [3–5] Unfortunately the 662 keV ^{137}Cs spectrum has still a contribution at the minimum of the fig. 1, and the ratio (^{137}Cs/^{134}Cs) has some limited minimum value [6–8]. A too high discrimination level would result in a bad statistics. A compromise must be achieved. In the practice a window of 750–1080 keV was used; the 662 keV quantum contribution to the counting rate amounted to about 0·6%. It was determined and subtracted from the gamma counting rate, using a pure ^{137}Cs source prepared from the solution to be standardized.

The ^{134}Cs efficiency was varied in the range 0·89–0·51, by using thin absorbers, for a number of 5 sources, with a number of 37 data points. Processing of experimental data was accomplished using a FORTRAN IV program entitled SAHARA 4 [9], which provides the $(N_{\beta 2})_0$ — extrapolated beta counting rate of ^{137}Cs.

In the range of beta efficiencies (0·89—0·61) the extrapolation curve $N_{\beta 2} = f(1 - \varepsilon_{\beta 1})$ calculated by a least square fit proved to be a straight line with a slope of $(-0{\cdot}59 \pm 0{\cdot}02)$ as fig. 2 shows.

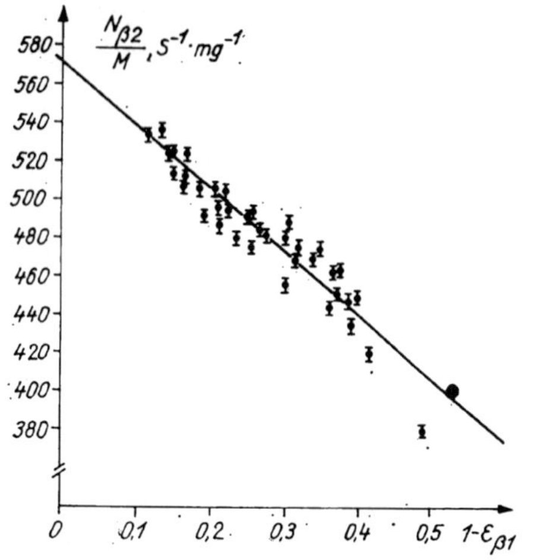

Fig. 2. Experimental results — Standardization of ^{137}Cs

Quadratic fittings showed very poor defined coefficients (irreproducible from one source to another).

The ^{137}Cs activity was calculated according to the equation:

$$N_{20} = \frac{(N_{\beta 2})_0}{1 + a_{21} \cdot \frac{1}{1+\alpha}(\alpha + \varepsilon_{\beta\gamma})} = \frac{(N_{\beta 2})_0}{1{\cdot}09931} \tag{4}$$

where: a_{21} and α are the corresponding parameters for the gamma emitting branch of ^{137}Cs, and $\varepsilon_{\beta\gamma}$ the corresponding gamma efficiency of the 4π-proportional counter.

$$a_{21} = 0{\cdot}948 \pm 0{\cdot}009\ ; \quad \alpha = 0{\cdot}1102 \pm 0{\cdot}0009\ [10]$$

$$\varepsilon_{\beta \cdot \gamma} = 0{\cdot}0061 \pm 0{\cdot}0006 \text{ (previously determined)}$$

The statistical error of the mean radioactive concentration was 0·35%, and systematic errors —0·5%; the overall uncertainty amounted to 1·5% (99·7% confidence level).

Another problem was to find experimentally, the explicit shape of the relation 2.

The mean beta efficiency values of ^{137}Cs, $(\varepsilon_{\beta 2})_i$, were calculated according to the relation:

$$(\varepsilon_{\beta 2})_i = \left(\sum_j a_{2j}\varepsilon_{\beta 2j}\right)_i = 1{\cdot}09931 \cdot \frac{(N_{\beta 2})_i}{(N_{\beta 2})_0} - 0{\cdot}09931 \tag{5}$$

where a_{2j}, $\varepsilon_{\beta 2j}$ are the branching ratios and beta efficiencies of ^{137}Cs.

By a least square fit, the relation 2 was found as:

$$\varepsilon_{\beta 2} = (1{\cdot}002 \pm 0{\cdot}004) - (0{\cdot}701 \pm 0{\cdot}012)\,(1 - \varepsilon_{\beta 1}) \tag{6}$$

for the range of efficiencies 0·89—0·61.

The theoretical relation calculated according to the papers [11, 12] for the mediated spectra of ^{137}Cs and ^{134}Cs was:

$$\varepsilon_{\beta 2} = 1 - 0{\cdot}887\,(1 - \varepsilon_{\beta 1}) - 0{\cdot}038\,(1 - \varepsilon_{\beta 1})^2 \tag{7}$$

$$\varepsilon_{\beta 1} = \sum_j a_{1j}\varepsilon_{\beta 1j} = N_c/N_\gamma \tag{8}$$

a_{1j}, $\varepsilon_{\beta 1j}$ are the branching ratios and beta efficiencies for ^{134}Cs.

The agreement between theoretical and experimental results may be considered as satisfactory in the conditions of the complex beta spectra of the two radionuclides.

3. Standardization of the ^{144}Ce + ^{144}Pr solution

The two radionuclides, in equilibrium, are both complex beta-gamma emitters with important decays to the ground level. The efficiency extrapolation method was used in the standardization, according to the method developed in the papers [1, 2].

A special experimental problem is imposed by the peculiar values of beta and gamma energy rays of the two emitters. ^{144}Pr emits very strong beta rays which may cross the walls of the two detectors and influence directly the gamma counting rate. As the 133·5 keV quantum of ^{144}Ce, counted in the gamma channel, needs a low gamma discrimination level, it may be possible to count also the bremsstrahlung radiation of ^{144}Pr. To avoid this "beta contribution" in the gamma channel, a 2 cm plexiglas absorber was placed between the 4π-counter and the NaI(Tl) crystal. The gamma spectrum obtained with the plexiglas absorber and without it is presented in fig. 3.

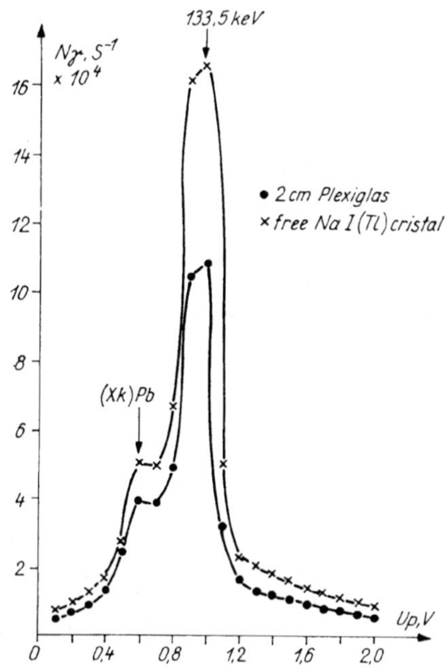

Fig. 3. ^{144}Ce gamma spectrum

Measuring in the gamma channel mainly the ^{144}Cs, 133·5 keV quantum (a window of 30—250 keV was used), one gets:

$$N_c/N_\gamma \cong \varepsilon_{\beta\, 183\,\mathrm{keV}} \tag{9}$$

If the window would be placed on the ^{144}Pr 696·5 keV photopeak then

$$N_c/N_\gamma \cong \varepsilon_{\beta\, 2299\,\mathrm{keV}} \tag{10}$$

This setting was not used in the standardization because of a very poor statistics.

One may write:

$$(N_0)_{^{144}\mathrm{Ce}} = (N_0)_{^{144}\mathrm{Pr}} = \tfrac{1}{2} N_0 \tag{11}$$

where N_0 is the total activity of a measured source. One obtains in the extrapolation:

$$(N_\beta)_0 = \left(\frac{N_\beta N_\gamma}{N_c}\right)_0 = 1{\cdot}006\, N_0 \quad \text{as} \quad \varepsilon_{\beta\, 183\,\mathrm{keV}} \to 1 \tag{12}$$

where $(N_\beta)_0$; $\left(\frac{N_\beta N_\gamma}{N_c}\right)_0$ are extrapolated values.

The correction factor 1·006 is due to the conversion electrons of the 59 keV gamma ray, not coincident with beta radiation.

Experimental data were processed using SAHARA 2 und SAHARA 3 programs [13]. The extrapolation curve

$$\frac{N_\beta N_\gamma}{N_c} = f\left(\frac{1 - N_c/N_\gamma}{N_c/N_\gamma}\right) \qquad (13)$$

proved to be linear in the range of beta efficiencies 0·85–0·55, with a slope of 0·43 ± 0·01, as fig. 4 shows.

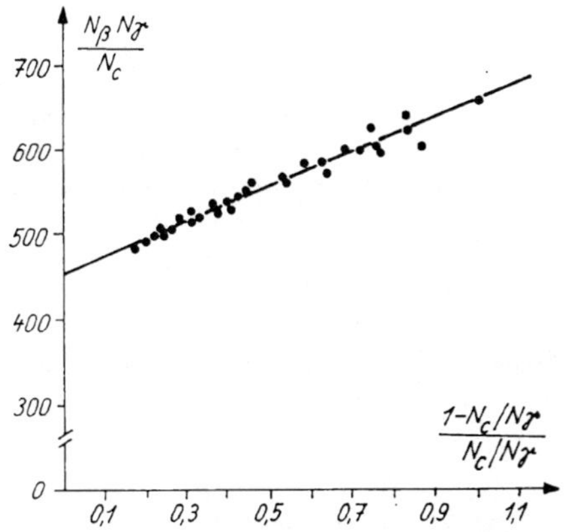

Fig. 4. Experimental results – Standardization of ^{144}Ce + ^{144}Pr

The statistic error was 0·18%, the systematic error was 0·45%; the overall uncertainty of the standardization was 1% (99·7% confidence level, 13 measured sources).

In the case of ^{144}Ce + ^{144}Pr was determined the explicit shape of the relation 2 for beta efficiencies.

$$\varepsilon_{\beta 1} = (N_c/N_\gamma)_{133.5} \cong \varepsilon_{\beta\,183\,\mathrm{keV}};$$

$$\varepsilon_{\beta 2} = (N_c/N_\gamma)_{696\cdot 5} \cong \varepsilon_{\beta\,2299\,\mathrm{keV}} \qquad (14)$$

Relation 2 was found as:

$$\varepsilon_{\beta 2} = (1{\cdot}012 \pm 0{\cdot}018) - (0{\cdot}151 \pm 0{\cdot}054)(1 - \varepsilon_{\beta 1}) \qquad (15)$$

$(N_c/N_\gamma)_{696.5}$ values have 2–2·5% statistic error due to small gamma counting rate and background contribution, consequently the coefficients errors are rather high.

Theoretical relation between the two efficiencies was calculated as:

$$\varepsilon_{\beta 2} = 1 - 0{\cdot}024(1 - \varepsilon_{\beta 1}) - 0{\cdot}01(1 - \varepsilon_{\beta 1})^2 \qquad (16)$$

Experimental data and least square curves obtained for ^{134}Cs and ^{137}Cs mean beta efficiencies as well as for $\varepsilon_{\beta\,183\,\mathrm{keV}}$ (^{144}Ce) and $\varepsilon_{\beta\,2300\,\mathrm{keV}}$(^{144}Pr) are presented in fig. 5.

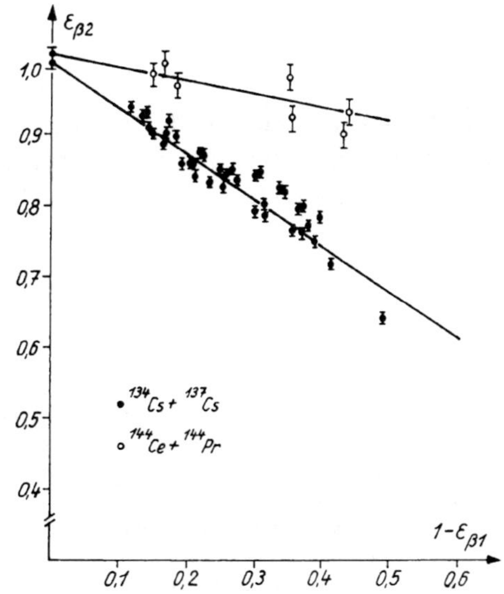

Fig. 5. Beta efficiency curves

4. Conclusions

Use of tracing method (^{134}Cs) for ^{137}Cs and extrapolation method for ^{144}Ce + ^{144}Pr solutions, allowed obtaining good accuracy of standardization: 1·5% and 1% overall uncertainties (99·7% confidence level). For the mentioned range of (N_c/N_γ) values, good linear plots of extrapolation were obtained. Special care had to be devoted to the following experimental characteristics: 662 keV quantum contribution to the (796 + 802) keV photopeak for ^{137}Cs standardization; direct beta and bremsstrahlung effects of ^{144}Pr on the gamma channel; noncoincident conversion electrons in both cases. Experimental relations between two pairs of beta efficiencies (^{134}Cs–^{137}Cs) and (^{144}Ce–^{144}Pr) proved to be linear in both cases, for beta efficiencies higher than 0·6; the agreement with the theoretical equations seems to be satisfactory in the given conditions of work.

Received August 25, 1980

References

[1] *M. Sahagia*, Marianske Lazne Symp. 1979, paper 2/5

[2] *M. Sahagia*, Thesis (Inst. for Nuclear Physics and Engineering 1978)

[3] *A. P. Baerg*, Nucl. Instr. and Meth. **112** (1973) 143

[4] *L. Grigorescu*, Thesis (Inst. for Atomic Physics-1976)

[5] *L. Grigorescu*, Nucl. Instr. and Meth. **112** (1973) 151

[6] *A. Williams, I. W. Goodier*, Symp. Standardization of Radionuclides (SM – 79/30), Vienna 1967

[7] *I. Kawada*, Intern. J. Appl. Radiation Isotopes **16** (1965) 371

[8] *P. Želazny*, Marianske Lazne Symp. 1979, paper 3/4

[9] *M. Sahagia, R. Dumitrescu*, SAHARA 4, SAHARA 5 Programs

[10] *J. Legrand, J. P. Perolat, F. Lagoutine, Y. Le Gallic*, Table de Radionucleides, 2eme partie

[11] *A. Williams*, Intern. J. Appl. Radiation Isotopes **15** (1964) 709

[12] *V. Zaitz, J. Plch, P. Jasanovsky*, Marianske Lazne Symp. 1979, paper 7/8

[13] *M. Sahagia, R. Dumitrescu, C. Deberth*, Rev. Roum. Phys. **21** (1976) 745

Stand und Entwicklungstendenzen der Isotopenproduktion in der DDR und der damit verbundenen Aktivitätsmeßtechnik, einschließlich der Anforderungen an die metrologischen Grundlagen*)

K. Thieme, G. Wagner

(AdW der DDR, Zentralinstitut für Kernforschung Rossendorf)[1])

Im Jahre 1958 wurde mit dem Aufbau der Isotopenproduktion in der DDR begonnen. Zum gegenwärtigen Zeitpunkt wird ein großer Anteil des Inlandbedarfs an Radionukliden gedeckt. Darüber hinaus werden ca. 50% der Produktion in über 15 Länder exportiert. Ungefähr 80% der Produktionspalette sind Präparate für die Anwendung in der Nuklearmedizin. In der Perspektive wird die Produktion von Großstrahlungsquellen und von Zyklotronisotopen zunehmend an Bedeutung gewinnen.

Ausgehend von diesen Entwicklungstendenzen auf dem Gebiet der radioaktiven Präparate werden meßtechnische Probleme aufgrund von Produkten mit sehr hohen Aktivitätskonzentrationen (bis zu einigen TBq/g), aufgrund der gestiegenen Anforderungen hinsichtlich der Radionuklidreinheit und der Produktion neuartiger Radionuklide sowie auf dem Gebiet der umschlossenen Quellen hinsichtlich der Kalibrierung von Meßeinrichtungen für die Dosisleistungsmessung von Quellen mit Aktivitäten im Bereich von 10^{13} Bq z. T. in Zusammenarbeit mit dem ASMW zu lösen sein.

Keywords

GDR; isotope production; measuring methods; radiation sources; radioactivity; radioisotopes

1. Stand und Tendenzen der Isotopenproduktion

Nach Inbetriebnahme des von der Sowjetunion gelieferten und aufgebauten Forschungsreaktors im ZfK Rossendorf wurde im Jahre 1958 die Produktion radioaktiver Präparate aufgenommen. Begonnen wurde mit der Herstellung und Lieferung einfacher Verbindungen kurzlebiger Radionuklide wie ^{24}Na, ^{42}K, ^{82}Br u. a. Die Verarbeitung des radioaktiven Materials erfolgte in der Anfangsphase in Anlagen, die im wesentlichen in den eigenen Werkstätten gefertigt wurden. In den vergangenen 22 Jahren gelang es durch Übernahme von Erfahrungen aus der Sowjetunion und anderen sozialistischen Ländern, die Produktionsanlagen den Erfordernissen entsprechend zu erweitern und weiterzuentwickeln, so daß heute der Bedarf der DDR an Isotopenerzeugnissen zu mehr als 50% durch Eigenproduktion abgedeckt werden kann. Die heutige technische Basis der Isotopenproduktion im ZfK Rossendorf bei Dresden besteht aus einem Kernreaktor mit Neutronenflüssen bis zu 10^{14} n/cm^2 s, einem Zyklotron mit Deuteronenenergien bis zu 14 MeV und den entsprechenden Produktionsanlagen zur Verarbeitung der radioaktiven Ausgangsstoffe.

Die kontinuierliche Entwicklung der Anwendung radioaktiver Stoffe, insbesondere auf dem Gebiet der Nuklearmedizin, hat zu einer ständigen Erweiterung der Isotopenproduktion in der DDR geführt. Das Produktionssortiment umfaßt gegenwärtig mehr als 300 Erzeugnisse mit 60 verschiedenen Radionukliden. Hinzu kommen noch Neutronenaktivierungen von Kundenmaterial und die Anfertigung von Sonderpräparaten. Umfangmäßig stehen die Nuklearpharmaka wie ^{75}Se-Selenomethionin, ^{99}Mo-^{99m}Tc-Generatoren und Markierungskits, Na^{131}J, ^{131}J-markierte Verbindungen, ^{133}Xe, ^{113}Sn-^{113m}In-Generatoren, ^{197}Hg- und ^{32}P-Verbindungen, ^{67}Ga-Zitrat sowie ^{57}Co- und ^{58}Co-Vitamin B_{12} an der Spitze. Ein umfangreiches Sortiment von ^{14}C- und ^{3}H-markierten Verbindungen steht zur Verfügung.

Im vergangenen Jahr wurde die Produktion von ^{192}Ir-Quellen für industrielle Zwecke begonnen. Ergänzend ist festzustellen, daß im Zentralinstitut für Isotopen- und Strahlenforschung der AdW der DDR radioaktive Strahlenquellen, in-vitro-Kits, einige radioaktiv markierte Verbindungen und stabilisotop markierte Präparate hergestellt werden.

In Tab. 1 ist die Produktionsentwicklung im ZfK Rossendorf dargestellt.

Tab. 1. Entwicklung der Produktion radioaktiver Präparate im ZfK Rossendorf bezüglich der jährlichen Auslieferungszahl und Aktivitätsmenge

Jahr	Auslieferungen	Aktivität Ci
1958	3	0,6
1960	600	23
1965	4000	147
1970	9000	445
1975	14000	650
1980	40000	9500

Im Perspektivzeitraum bis 1990 ist abzusehen, daß das dominierende Anwendungsgebiet die Nuklearmedizin mit einem Anteil von ca. 70% an der Gesamtproduktion sein wird. Darüber hinaus wird die Anwendung von Großstrahlungsquellen in der Industrie in den nächsten Jahren zunehmend an Bedeutung gewinnen. Bis zum Jahr 1985 ist mit einer Verdopplung der Produktion zu rechnen. Für die Realisierung dieser Aufgabe wird eine wesentliche Steigerung bei der Produktion von ^{99}Mo, ^{99}Mo-^{99m}Tc-Generatoren und daraus herstellbaren ^{99m}Tc-Pharmaka sowie einer Reihe von Radiopharmaka für spezielle Organ- und Köperuntersuchungen angestrebt. Die Produktion von Radiopharmaka auf der Basis von Zyklotronisotopen soll in die-

*) Vortrag, gehalten beim „Internationalen Erfahrungsaustausch auf dem Gebiet der Messung ionisierender Strahlung" in Berlin, 13.–16. Mai 1980

[1]) Anschrift: 8051 Dresden, PSF 19

sem Zeitraum stark ansteigen, so z. B. von ^{123}J-Präparaten, ^{81m}Kr u. a. In diesem Jahr beginnt die Produktion von ^{60}Co-Großquellen, die in den nächsten Jahren einen wesentlichen Teil der Produktionssteigerung ausmachen werden.

2. Stand und Tendenzen der Aktivitätsmeßtechnik

Mit der Entwicklung der Isotopenproduktion ging die Entwicklung der Aktivitätsmeßtechnik in den mehr als 20 Jahren seit 1958 konform. Insbesondere begann 1976 mit der Inbetriebnahme des Technologischen Zentrums qualitativ und quantitativ eine neue Etappe. Dabei haben sich auch strukturelle Veränderungen ergeben, die, u. a. als Resultat einer sich im gleichen Zeitraum profilierenden Fachabteilung beim ASMW mit der Aufgabe der Durchführung von Absolutmessungen, Beglaubigungen und Bereitstellung von Normalen der Radioaktivität, bewirkten, daß in unserem Institut der Entwicklung und Praktizierung von Absolutmethoden in den letzten 10 Jahren weniger Aufmerksamkeit zugewandt wurde.

Dagegen wurden als Schwerpunkte — entsprechend den staatlichen Forderungen zur Erhöhung der Qualität und Quantität unserer Erzeugnisse — die Entwicklung rationeller Verfahren für

- die Bestimmung der Aktivität radioaktiver Präparate in den Einheiten Ci und Bq durch Relativmethoden
- die Bestimmung der Radionuklid-Reinheit mit Hilfe moderner spektrometrischer Methoden
- die Bestimmung der Dosisleistung und Aktivität von umschlossenen Strahlenquellen im TBq Bereich

betrachtet.

Die technische Realisierung erfolgte zum größten Teil durch Eigenentwicklungen unseres Institutes. Dabei müssen insbesondere die Vielkanalspektrometersysteme und Ionisationskammern genannt werden. Eine weitere wesentliche Voraussetzung, die Bereitstellung von Normallösungen und Durchführung von Beglaubigungen, wurde durch das ASMW Berlin erfüllt.

Ausgehend von ökonomischen, produktions- und strahlenschutztechnischen Forderungen wurden neben mechanisierten auch halb- und vollautomatische Meßsysteme in Betrieb genommen, die eine hohe Auslastung der Gerätetechnik ermöglichen.

Im folgenden sollen der Stand der Meßtechnik und -methodik kurz genannt, die gegenwärtigen Probleme und Entwicklungstendenzen dargelegt und die sich daraus ergebenden Forderungen an die Metrologie umrissen werden.

2.1. *Aufgabenstellung*

Die Messung ionisierender Strahlung wird bei der Herstellung radioaktiver Präparate nach verschiedensten Methoden durchgeführt. Sie ist zur Bestimmung der Radioaktivität, zur Prozeßkontrolle und -steuerung, zu analytischen Zwecken, zur dosimetrischen Überwachung u. a. notwendig und somit unmittelbarer Bestandteil des Produktionsprozesses.

Im weiteren sollen nur die folgenden, aus metrologischer Sicht wichtigsten drei Aufgabenstellungen betrachtet werden:

1. Bestimmung der Anzahl der Kernumwandlungen pro Zeiteinheit einer bestimmten Substanzmenge (in der Einheit der Radioaktivität)
2. Radionuklidanalyse mit Hilfe spektrometrischer Methoden
3. Bestimmung der Dosisleistung umschlossener Großstrahlenquellen.

2.2. *Meßverfahren und meßtechnische Probleme*

2.2.1. Aktivitätsmessung von Gamma-Strahlern. Die Lösung der Aufgaben bei der Bestimmung der Aktivität radioaktiver Lösungen und Gase bzw. der Radionuklidanalyse erfolgt mit ionometrischen und spektrometrischen Methoden.

Die ständige Erweiterung der Produktion — sowohl intensiv hinsichtlich größerer Produktionschargen mit immer höheren Aktivitätskonzentrationen und Gesamtaktivitäten als auch extensiv durch Aufnahme neuer Nuklide bzw. neuer Verbindungen — verlangt nicht nur eine höhere Zahl von Einzelmessungen, sondern die Lösung von Meßproblemen, die durch diese Erweiterung bedingt sind.

Die Aktivitäten übersteigen z. T. den Meßbereich der in den Zellen installierten Schacht-Ionisationskammern. Die Messungen werden in definiertem Abstand von diesen oder mit Kugelionisationskammern durchgeführt. Die damit erzielbare Präzision ist jedoch gering, besonders bei der Messung von kleinen Aktivitäten in der Umgebung einer unstabilen und hohen Umgebungsstrahlung.

Die Bestimmung der Aktivitätskonzentration in Bq g^{-1} oder Bq ml^{-1} ist bei dem gegenwärtig erreichten Niveau von 1 TBq/ml aus strahlenschutz- und produktionstechnischen Gründen nicht mehr durch Wägung oder über Verdünnungsschritte realisierbar. Aus diesem Grund wurde eine Präzisionsabfüllvorrichtung in Form verschiedener fernbedienter *Eppendorf*pipetten installiert, die die Entnahme eines definierten Volumens gestatten.

Die Entwicklungstendenz für diagnostisch genutzte medizinische Nuklide weist in die Richtung von Nukliden mit kürzerer Halbwertszeit. Die beiden wichtigsten Methoden für eine technisch realisierbare und ökonomisch vertretbare Gewinnung kurzlebiger Nuklide sind Erzeugung durch Reaktionen am Zyklotron oder Gewinnung mittels Radionuklidgenerator.

Es ergeben sich nicht nur für den Produzenten, sondern auch für Anwender Probleme bezüglich der richtigen Aktivitätsmessung, da z. B. für einige Generatornuklide wie ^{99m}Tc oder ^{113m}In keine geeigneten Referenznormale zur Verfügung stehen.

Aus diesem Grund sollen in Zukunft in unserer Einrichtung bereits entwickelte und praktizierte Methoden zur Absolutmessung dieser Nuklide [1] wieder benutzt werden. Es sollten aber auch von metrologischer Seite Möglichkeiten geschaffen werden, eine richtige Aktivitätsmessung kurzlebiger Nuklide auf breiter Ebene zu sichern.

Bei der Aufnahme der Produktion völlig neuer Nuklide wie ^{67}Ga, ^{123}J, ^{169}Er ist die Situation noch komplizierter. In diesem Fall beruhen die von uns angegebenen Aktivitätswerte auf dem Vergleich der Dosisleistungen unter Verwendung berechneter Dosiskonstanten oder auf der Messung an einem Ge(Li)-Detektor mit bekannter Effektivitätsfunktion.

Hieraus ergibt sich die Forderung, bereits bis zum Zeitpunkt des Produktionsbeginns Möglichkeiten für eine Beglaubigung oder Bereitstellung von Aktivitätsnormalen solcher Nuklide zu schaffen. Das setzt eine noch engere Zusammenarbeit zwischen Produzenten, Metrologen und Anwendern voraus.

Für die Messung der Aktivität von radioaktiven Gasen (im wesentlichen ^{133}Xe) stehen gegenwärtig nur Ionisationskammern und Relativmethoden zur Verfügung.

Durch Einsatz eines Mehrelektroden-Proportionalzählrohres sollen die Voraussetzungen für eine Absolutmessung geschaffen und die mit Relativmethoden verbundenen Fehlerquellen verringert werden.

Einen Sonderfall stellt die Messung von ^{133}Xe in physiologischer NaCl-Lösung dar. Infolge eines Gasraumes über dem Lösungsmittel ist eine Bestimmung des Anteils der gasförmigen zur gelösten Phase notwendig, der von Probe zu Probe verschieden ist.

Die meßtechnische Realisierung der Aktivitätsbestimmung von Gammastrahlern erfolgt vorrangig mit Ionisationskammern sowie mit Hilfe von NaJ(Tl)- und Ge(Li)-Detektoren.

Dabei finden sowohl konventionelle Systeme mit luftäquivalenten Schachtionisationskammern in Verbindung mit Schwingkondensatorelektrometer als auch moderne Isotopenkalibratoren Anwendung. Die Messung in der Einheit der Aktivität erfolgt durch Vergleich der Ionisationsströme von Meßprobe und Kalibrierquelle entweder auf der Basis berechneter Dosiskonstanten oder nach Kalibrierung der jeweiligen Kammer mit Aktivitätsnormalen über Kammerkonstanten. Die Empfindlichkeit der Kammern wird mit Quellen der Nuklide ^{60}Co, ^{90}Sr, ^{137}Cs oder ^{226}Ra kalibriert und in wöchentlichem Abstand kontrolliert. Der Meßbereichsumfang des von uns entwickelten Ionisationskammertypes reicht bei Betrieb mit einem Schwingkondensator-Elektrometerverstärker VA-J-51 und bei Messung in 4π-Geometrie von ca. 400 kBq ... 40 GBq für ^{60}Co.

Eine im ZfK entwickelte digitale Anschlußeinheit [2] zum VA-J-51 gestattet die digitale Anzeige und Ausgabe der Aktivität beliebiger Nuklide in kBq oder MBq, wobei durch zusätzliche Integrations- und Verstärkerstufen Linearität und Stabilität der Meßanordnung verbessert werden. Durch eine Steuerung nach Standard-Interface SI 1.2. wird die Kopplung z. B. mit Zeitgeber oder anderen Geräten nach SI 1.2. möglich.

Auf der Basis der Absorberspektrometrie wurde eine Meßmethode für die Bestimmung der Einzelaktivitäten von Nuklidgemischen an ionometrischen Meßeinrichtungen entwickelt und erfolgreich angewandt [3, 4].

Spektrometrische Methoden haben insbesondere auch für die Lösung analytischer Probleme bei der Herstellung radioaktiver Präparate eine große Bedeutung erlangt.

Die Radionuklidanalyse bezüglich der Gammastrahler dient der Nuklididentifikation, der Beurteilung der Targetreinheit und der Prozeßausbeute sowie der Bestimmung der Radionuklidreinheit und der Messung der Aktivität.

Aufgrund der hohen Effektivität kommen NaJ(Tl-Detektoren bei der Messung geringer Aktivitäten und bei Koinzidenzmethoden zur Anwendung (z. B. ^{125}J). Durch die Entwicklung von hochauflösenden Ge(Li)-Detektoren konnten in Verbindung mit Vielkanalanalysatoren für die gammaspektrometrischen Untersuchungen qualitativ und quantitativ neue Bereiche erschlossen werden.

Das von uns genutzte und im ZfK Rossendorf entwickelte Vielkanalspektrometersystem ist in Abb. 1 schematisch dargestellt. Als Besonderheit weist es die Kopplung mit einem Probenwechsler auf, von dem aus die Proben über eine Rohrpost in die Meßposition gelangen. Dabei können sämtliche Meß- und Steuerfunktionen auch über Lochband programmiert werden [5]. Im Routinebetrieb erfolgt die Peakflächenauswertung über eine lichtmarkengesteuerte Arithmetik nach *Görner* [6] direkt im Speicher. Eine on-line-Kopplung mit dem Tischrechner EMG 666 ist über ein spezielles Interface EMG 79845 *Spez* [7] möglich.

Komplizierte Aufgaben wie Peaksuche, *Gauß*-Fitting oder Berechnung der Effektivitätsfunktion des Detektors werden off-line mit dem Rechner ZRA-2 durchgeführt.

Infolge der Bedeutung gammaspektrometerischer Methoden sowohl für die Bestimmung der Radioaktivität als auch für die Radionuklidanalyse zielen die weiterführenden Arbeiten auf eine Erhöhung der Leistungsfähigkeit und Genauigkeit der Meßanordnung. Voraussetzung dafür ist, neben der Verbesserung von Detektorparametern und Analogelektronik, daß Normalquellen von geeigneten Nukliden mit hoher Genauigkeit der Aktivitätsangabe für die Bestimmung der Effektivitätsfunktionen der Detektoren zur Verfügung stehen.

Von den dafür durchzuführenden Aufgaben wären zu nennen hinsichtlich:

- der Detektoren die Verbesserung der Energieauflösung sowie die Erweiterung des Energiebereiches zu niederen Energien bei optimaler Effektivität durch Einsatz eines HP Ge-Detektors;
- der Auswerteelektronik die Stabilisierung der Verstärkung, Verringerung des Rauschens, Erhöhung der verarbeitbaren Impulsraten, Einsatz von Pile-up-Inspector und Totzeitkorrektur,

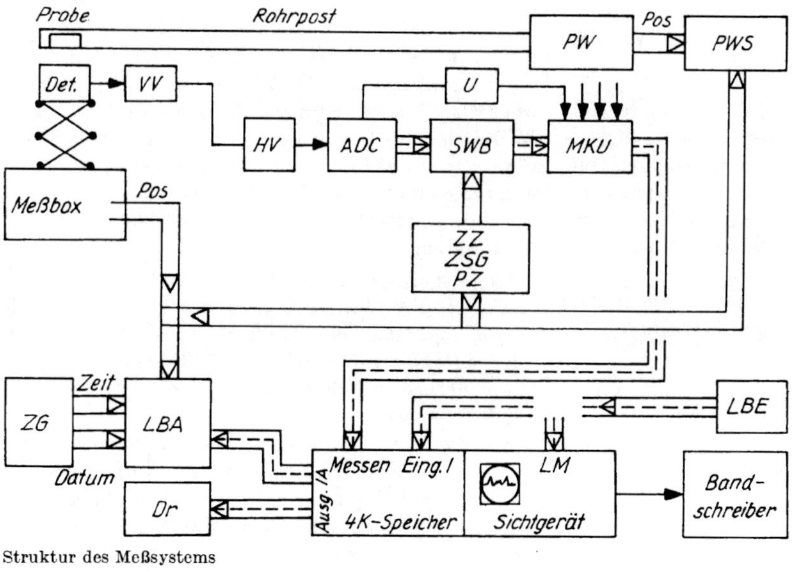

Abb. 1. Struktur des Meßsystems

– der Speicherung und Auswertung der Einsatz eines Vielkanalanalysators auf Mikrorechnerbasis (ZfK-Entwicklung) sowie vorteilhafter Rechenprogramme für die Spektrenanalyse.

2.2.2. Messung von β-Strahlern. Für die Messung von β-Strahlern stehen zwei LSC-Probenwechsler zur Verfügung. Obwohl das Meßverfahren selbst gute Ergebnisse liefert, stellt die Bestimmung von Aktivitätskonzentrationen von Stammlösungen mit Werten bis zu 10^{11} Bq/ml insofern ein Problem dar, als die Anfertigung von Verdünnungen für LSC-Proben zeitaufwendig ist, Fehler ermöglicht und eine hohe Strahlenbelastung verursacht. Des weiteren ist die Ausgangsmessung von Präparaten über LSC unmöglich.

Da ionometrische Messungen hochenergetischer β-Strahler wie ^{32}P, ^{89}Sr und ^{90}Y gute Ergebnisse liefern, wenn die Meß- und die Probengeometrie reproduzierbar sind, wurde bereits begonnen, für verschiedene Ionisationskammern und Nuklide die Abhängigkeit vom Lösungsvolumen zu erfassen. Einflüsse der Masse und der Wandstärke von Ampullen lassen sich jedoch nur schwer berücksichtigen.

Ein weiteres Vorhaben bezieht sich auf die Anwendung eines Meßverfahrens auf Grundlage des *Čerenkov*-Effektes, das die folgenden Vorzüge gegenüber der LS-Messung aufweist:

– Messung in höherem Aktivitätsniveau möglich,
– Meßprobe wird nicht mit Chemikalien versetzt,
– billiger.

Die Bestimmung von Radionuklidkontaminationen reiner β-Strahler ist infolge des kontinuierlichen Energiespektrums komplizierter als für γ-Strahler.

Andererseits bietet gerade die Radionuklidherstellung auf der Basis von Spaltprodukten die permanente Möglichkeit einer Kontamination mit Sr-Isotopen.

Analysen allein auf der Basis physikalischer Methoden, wie LSC oder *Čerenkov*-Messung, lassen im allgemeinen auch bei Einsatz von Vielkanalspektrometern keine exakte Bestimmung geringer Anteile zu.

Einen Ausweg bietet die Kopplung physikalischer und chemischer Methoden. Dabei sind für den konkreten Anwendungsfall chromatographische, Extraktions- oder andere Verfahren auszuwählen.

2.2.3. Bestimmung von Kontaminationen von α-Strahlern. Da in unserem Institut keine α-Quellen produziert werden, beschränkt sich die Messung auf die Bestimmung von Kontaminationen durch α-Strahler in medizinischen Präparaten. Insbesondere kommen dafür Nuklide in Frage, die beim Spaltprozeß von ^{235}/^{238}U mit thermischen Neutronen entstehen können.

Für die Messung von Beimengen in der Größenordnung von 10^{-7}% der Aktivität werden zwei Methoden angewandt:

1. Messung mit Si(Li)-Halbleiterdektektoren
2. Messung mit Festkörperspurdetektoren.

Obwohl es sich um den Nachweis sehr geringer Verunreinigungsmengen handelt, ist die Präzision beider Verfahren ausreichend, um ein Urteil über das Über- oder Unterschreiten der zulässigen Grenzen zu fällen.

2.3. *Messung der Dosisleistung von Strahlenquellen*

Gegenwärtig werden in unserem Institut umschlossene Quellen der Nuklide ^{60}Co bzw. ^{192}Ir in einem Aktivitätsbereich von 0,5 TBq ... 6 TBq bzw. 0,5 ... 4 TBq für industrielle und medizinische Anwendungen hergestellt.

Messungen sind für ^{60}Co-Quellen bis zu 0,3 PBq vorgesehen. Die Messung erfolgt für ^{60}Co-Quellen entsprechend einer ICRU-Empfehlung von 1979 [8], wobei die Dosisleistung in 1 m Abstand mit Hilfe einer Kugelionisationskammer vom Typ VA-K-253 bestimmt wird. Dabei ist die Meßeinrichtung durch Vergleichsmessung mit einem ^{90}Sr/^{90}Y-Kontrollstrahler in der Einheit J/kg · s kalibriert. Infolge der starken Kollimierung der von der ^{60}Co-Quelle axial und radial austretenden Strahlung wurde ein zusätzlicher Korrekturfaktor aus dem Vergleich mit der Dosisleistung von Quellen anderer Hersteller ermittelt.

Die uns zur Verfügung stehenden ^{60}Co-Referenznormale mit maximal 3,7 GBq Aktivität waren für eine Kalibrierung nicht ausreichend.

Die Messung der ^{192}Ir-Quellen kann auf Grund niedrigerer Aktivitäten und einer geringeren Dosiskonstante an einer der o. g. Schachtionisationskammern durchgeführt werden. Dabei ist die Einzel-Messung der bestrahlten ^{192}Ir-Scheiben im Kammerschacht möglich, während die gemantelte Quelle in einer definierten Geometrie über dem Kammerschacht gemessen wird.

Gegenwärtig erfolgt die Angabe der Dosisleistung durch Vergleich mit der eines ^{60}Co-Referenznormals, demnächst kann die Meßeinrichtung an ein ^{192}Ir-Referenznormal angeschlossen werden. Dann entspräche die Angabe der Dosisleistung der inkorporierten Aktivität. Für bestimmte Anwender dient jedoch die der austretenden Gammastrahlung entsprechende Aktivität als Bezugsgröße für die Messungen. Diese Differenz, die auch bei importierten Quellen besteht, gibt immer wieder zu Diskussionen Anlaß.

Für den Gesetzgeber ist im Havariefall mit einer Quelle ebenfalls die Radioaktivität des Materials von Interesse.

Die Messung der Dosisleistung erfolgt weiterhin im Zusammenhang mit der Konfektionierung von radioaktiven Präparaten. Dabei wird die Größe der Bleicontainer und der Verpackung entsprechend der vorgeschriebenen Grenzwerte dimensioniert, um die Transportbestimmungen einzuhalten.

3. Zusammenarbeit

Es wurde deutlich, daß die hohen Anforderungen hinsichtlich Vielseitigkeit und Genauigkeit bei der Messung der Radioaktivität vom Produzenten radioaktiver Nuklide nicht mehr allein erfüllt und daß diese Aufgaben nur in Zusammenarbeit mit der metrologischen Einrichtung, dem ASMW sowie anderen Institutionen gelöst werden können. Die bisher erreichten Resultate sind eine gute Basis für die weitere Arbeit auf dem Gebiet der ionisierenden Strahlung, u. a. zur Klärung der in den Ausführungen aufgezeigten Probleme. Dazu gehört auch die Mitarbeit an bestimmten Aufgabenkomplexen zum Thema „Radioaktive Vergleichsquellen und Lösungen" im Rahmen des RGW.

Des weiteren gibt es auf dem Gebiet der Entwicklung und Produktion von Geräten für die Kernstrahlungsmeßtechnik eine immer bessere Zusammenarbeit mit dem Kombinat ROBOTRON-Meßelektronik. Gemeinsam mit dem Laboratorium für Kernprobleme im VIK Dubna werden gegenwärtig Aufgaben zur Charakterisierung von Zerfallsdaten radioaktiver Nuklide gelöst.

Eingegangen am 23. 7. 1980

Literatur

[1] *H. Stephan*, Dissertation, Dresden 1971

[2] *K. Thieme* u. a., in Vorbereitung zur Veröffentlichung in Isotopenpraxis

[3] *K. Thieme*, DDR-Patent WP G 01 T/213 121

[4] *K. Thieme*, Proceeding 2. Tagung Nukleare Analysenverfahren Dresden, 19.–23. 3. 1979, S. 189

[5] *M. Kahlenbach* u. a., J. Radioanal. Chem. 28 (1975) 263

[6] *W. Görner*, Lichtmarkengesteuerte Arithmetik am 4 K-Speicher Privatmitteilung

[7] *K. Thieme* u. a., Isotopenpraxis **15** (1979) 395

[8] ICRU-Report 18, Washington, 1970

Учет неконтролируемых потерь при измерении удельной активности образцовых растворов радионуклидов*)

И. А. Соколова, И. А. Харитонов

(WPO ,,Wissenschaftliches Allunions-Forschungsinstitut für Metrologie D. I. Mendelejew" der UdSSR, WNIIM)¹)

Один из наиболее распространенных методов определения в растворах концентрации активности состоит в отборе аликвотной пробы данного раствора с переводом радиоактивного нуклида из данной аликвотной пробы в твердое или газообразное состояние и измерением его активности. В последующем можно определить концентрацию активности исходного раствора. Опираясь на критерии Фишера излагается процесс расчетного определения ошибок, а на примере измерения концентрации активности водного карбонатного раствора этот процесс обясняется.

Keywords

carbon 14; errors; measuring methods; radioactivity; sample preparation

Один из распространенных методов измерения удельной активности растворов радионуклидов включает следующие опрерации:

1. отбор определенного количества (аликвоты) раствора;
2. перевод радионуклида в аликвоте из раствора в твердое состояние или газ и измерение его активности;
3. расчет удельной активности.

С целью обеспечения необходимой достоверности измерений используют L аликвот, активность каждой из которых определяют n раз, так что в качестве оценки истинного значения удельной активности принимают совокупное среднее

$$x_0 = \frac{1}{L} \sum_{i=1}^{L} x_i \tag{1}$$

а оценку дисперсий совокупного среднего находят обычным образом

$$S_{x_0}^2 = \frac{(n-1)\sum_{i=1}^{L} S_i^2}{N(N-1)} + \frac{\sum_{i=1}^{L}(\bar{x}_i - x_0)^2}{L(N-1)} \tag{2}$$

где

$$S_i^2 = \frac{1}{n-1} \sum_{j=1}^{n} (x_{ij} - \bar{x}_i)^2 \; ; \; N = nL$$

При этом $S_{x_0}^2$ обсусловлена как рассеиванием $\bar{x}_i$ из-за случайных вариаций

$$(S_1)^2 = \frac{(n-1)\sum_{i=1}^{L} S_i^2}{L(N-1)},$$

так и из-за систематической погрешности

$$(S_2)^2 = \frac{\sum_{i=1}^{L} (x_i - x_0)^2}{L(N-1)}$$

Согласно критерию Р. Фишера рассеивание $\bar{x}_i$ носит недопустимый характер, если отношение $(S_2)^2/(S_1)^2$ превышает верхний предел распределеления Р. Фишера при выбранном уровне доверительной вероятности. При этом $(S_2)^2 \gg (S_1)^2$, что всегда свидетельствует о наличии систематической погрешности, т. к. в противном случае измерения были бы статистически подконтрольны.

Рассмотрим пример. При измерении удельной активности ^{14}C из водного раствора углекислой соли в аликвоте путем химической реакции получали углекислый газ и в составе рабочего газа вводили внутрь счетчиков, образующих компенсированную систему [1].

Удельную активность ^{14}C определяли по формуле:

$$\bar{x}_i = \frac{V}{M_i} \frac{\bar{R}_i}{\frac{\pi d^2}{4}(l_2 - l_1)}$$

где V объем системы;
M_i масса аликвоты;
l_1, l_2 длина катодов счетчиков;
R_i разность в скорости счета импульсов бета-излучения обоими счетчиками.

Было проведено семь реакций ($L = 7$), в каждой реакции R измерялось семь раз ($n = 7$).

Из табл. 1 видно, что $(S_2)^2 \gg (S_1)^2$, что свидетельствует о наличии систематической погрешности.

*) Vortrag, gehalten beim ,,Internationalen Erfahrungsaustausch auf dem Gebiet der Messung ionisierender Strahlung" in Berlin, 13.–16. Mai 1980

¹) Anschrift: UdSSR, 198005 Leningrad, Moskauer Prospekt 19

Табл. 1. Статистические параметры распределения по аликвотам

L	$\bar{x}_i$	S_i $\times 10^2$	$(S_1)^2$ $\times 10^6$	$(S_2)^2$ $\times 10^6$	x_0	Sx_0 $\times 10^2$
1	2,558	1,023				
2	2,604	1,042				
3	2,573	1,029				
4	2,605	1,042	2,62	8,84	2,59	0,34
5	2,579	1,032				
6	2,610	1,044				
7	2,607	1,043				

Анализ метода измерения удельной активности показывает, что систематическая погрешность может быть вызвана неконтролируемыми потерями активности в процессе реакции: растворением углерода в воде, неполным перемешиванием активного и рабочего газа в отдельных частях системы и т. д. Важно отметить, что все эти факторы приводят только к уменьшению значения удельной активности, т. е. являются систематическими погрешностями одного знака.

В этой ситуации оправданным представляется объединение результатов в статистически подконтрольную совокупность относительно $\bar{x}_{\max}$, т. к. можно предположить, что химическая реакция с результатом $\bar{x}_{\max}$, прошла с наименьшими потерями.

Для этого будем согласно [2] рассматривать допустимость смещения относительно $\bar{x}_{\max}$ с помощью параметра

$$t = \frac{\sqrt{n-1}\,(\bar{x}_{\max} - \bar{x}_i)}{\sqrt{2S_i^2}} \tag{3}$$

и считать различие $(\bar{x}_{\max} - \bar{x}_i)$ допустимым, если $t < t_{qk}$, где t_{qk} — значение q — процентной точки распределения Стьюдента для числа степеней свободы $\kappa = 2(n-1)$.

Очевидно, что из (3) следует

$$(\bar{x}_{\max} - \bar{x}_i) < \frac{t_{qk}}{\sqrt{n-1}}\sqrt{2S_i^2} \tag{4}$$

и статистически подконтрольными являются m из L значений $\bar{x}_i$, для которых (4) выполняется. Тогда x_0 и S_{x_0} можно найти согласно (1) и (2), полагая $L = m$.

В табл. 2 приведены значения $\bar{x}_i$, оставшиеся после редукции согласно (4) значений табл. 1.

Табл. 2. Статистические параметры распределения с учетом формулы (4).

m	$\bar{x}_i$	S_i $\times 10^2$	$(S_1)^2$ $\times 10^6$	$(S_2)^2$ $\times 10^6$	x_0	Sx_0 $\times 10^2$
1	2,604	1,042				
2	2,605	1,042	3,46	0,42	2,61	0,19
3	2,610	1,044				
4	2,607	1,043				

Видно, что $(S_2)^2 \ll (S_1)^2$, что свидетельствует об отсутствии систематической погрешности оставшихся четырех $\bar{x}_i$.

Сравнение x_0 и S_{x_0} в табл. 1 и 2 показывает, что предлагаемый способ позволяет корректно осуществить необходимое из физических соображений смещение значения удельной активности на 0,8%, сохранив статистическую точность измерений.

В общем случае учет систематической погрешности, связанной с неконтролируемыми потерями активности, может быть произведен по настоящей методике, если с помощью критерия Р. Фишера установлен недопустимый характер рассеивания результатов измерения активности аликвот.

Поступила в редакцию 23/VII, 1980 г.

Литература

[1] *Л. П. Жуковская, Ф. М. Караваев, И. А. Соколова*, Приготовление газовых образцов из углекислых солей и их растворов для измерения активности ^{14}C, ,,Радиохимия'', 1971, № I

[2] Методы обработки результатов наблюдений при измерениях под ред. *К. П. Широкова*, Труды метрологических институтов СССР, вып. 134 (194), М.-Л., изд-во стандартов, 1972.

Определение поправок на поглощение и самопоглощение при абсолютном $2\pi\alpha$-счете с помощью импульсной ионизационной камеры*)

В. Я. Алексеев

(WPO ,,Wissenschaftliches Allunions-Forschungsinstitut für Metrologie D. I. Mendelejew" der UdSSR, WNIIM)¹)

Докладывается об определении поправок на поглощение и самопоглощение чистых эталонных альфа-источников на твердой металлической подкладке, выполненном с помощью измерительного устройства, являющегося мonизационным спектро метром, котором состоит из импульсной ионизационной камеры и счётной системы Описываемый метод основывается на измерении испускаемого альфа-источниками излучения и на исследовании спектрального распределения импульсов альфа-частиц.
Определяемые данным методом поправки на поглощение и самопоглощение по отношению к ряду эталонных альфа-источников активностью менее 500 Bq находились в интервале от 0,012 до 0,02.

Keywords

absolute counting; absorption; alpha sources; corrections; ionization chambers; radioactivity; self-absorption

При аттестации образцовых альфа-источников на твердых металлических подложках, альфа-излучение которых происходит без сопровождающего гамма- или рентгеновского излучения, особенно если активность нуклидов в таких источниках не высока, часто применяется $2\pi\alpha$-счётчик.

Существенным ограничением этого метода является необходимость введения поправок на поглощение альфа-частиц в защитном слое образцового источника и самопоглощение. Значения этих поправок зависят от эффективных толщин слоёв поглощения, измеригъ которые непосредственно невозможно. Однако исследуя энергетический спектр альфа-частиц, испускаемых источником, можно получить достоверную информацию о поглощении и самопоглощении.

Известно, что альфа-частицы, проходя через слои поглощения, теряют часть своей энергии, в результате чего спектр альфа-излучения ,,размывается", а пик распределения альфа-частиц по энергии сдвигается в сторону более низких энергий. Изменения в спектре альфа-излучения определенным образом связаны с толщиной поглощающих слоёв (если толщина не достигает слоёв полного поглощения) [1]. Это обстоятельство было использовано в нашей работе.

Рассмотрим образцовый альфа-источник с толщиной активного слоя h и защитным покрытием толщиной h_1. Размеры активной поверхности таких источников много больше по сравнению с пробегами альфа-частиц в активном слое — R_0 и слое защитного покрытия — R_1, и, следовательно, краевыми эффектами можно пренебречь.

Исходя из уравнения связи между пробегом и энергией $P = BE^n$ для толщины пленки h_1 можно записать:

$$h_1 = R_I - R_1' = B_I(E_0^n - E_1^n) \tag{1}$$

где: B_I — коэффициент пропорциональности, характеризующий данное вещество; $n \approx 1{,}5$; R_I и R_1' — пробеги алсьфа-частиц с энергиями E_0 и E_I соответственно в слое h_1. E_I — остаточная энергия альфа-частиц после прохождения слоя h_1.

Вместо защитной пленки толщиной h_1 будем рассматривать эквивалентную пленку толщиной l, с пробегом альфа-частиц R_0. Тогда:

$$l = R_0 - R_0' = B_0(E_0^n - E_1^n) \tag{2}$$

при этом условие эквивалентности имеет вид:

$$\frac{h}{l} = \frac{B_I}{B_0} \tag{3}$$

Выделим элементарную площадку ds на поверхности альфа-источника эквивалентному образцовому с толщиной активного слоя h и толщиной защитного слоя l с пробегом альфа-частиц в этих слоях R_0 (см. рис. 1). Альфа-частицы с энергиями от E до $E + dE$ пересекающие эту площадку могут вылететь только из шарового слоя, заключенного между сферическими поверхностями с радиусами r и $r + dr$, где

$$r = R_0 - B_0E^n = R(1 - \varepsilon^n) \tag{4}$$

$$dr = -R_0 n\varepsilon^{n-1}\, d\varepsilon \tag{5}$$

$\varepsilon = E/E_0$; E — энергия альфа-частиц, прошедших путь r.

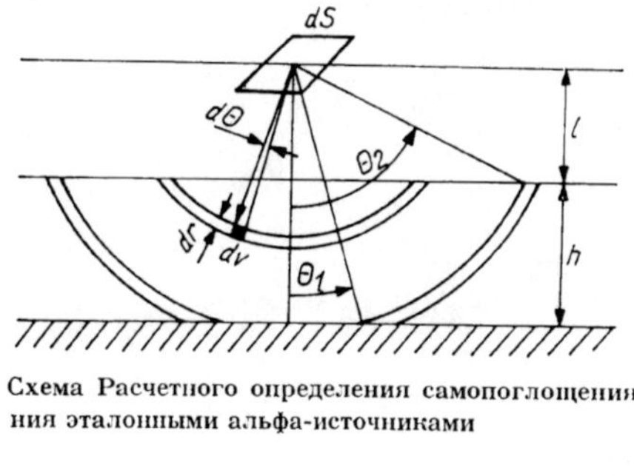

Рис. 1. Схема Расчетного определения самопоглощения и поглощения эталонными альфа-источниками

Считая, что удельная активность нуклида С постоянна во всем радиоактивном слое распределение радиоактивных атомов в слое равномерно, можно получить выражение для энергетического распределения альфа-частиц над поверхностью источника путем интегриро-

*) Vortrag, gehalten beim ,,Internationalen Erfahrungsaustausch auf dem Gebiet der Messung ionisierender Strahlung" in Berlin, 13.–16. Mai 1980

¹) Anschriften: SU – 198 005 Leningrad, Moskauer Prospekt 19

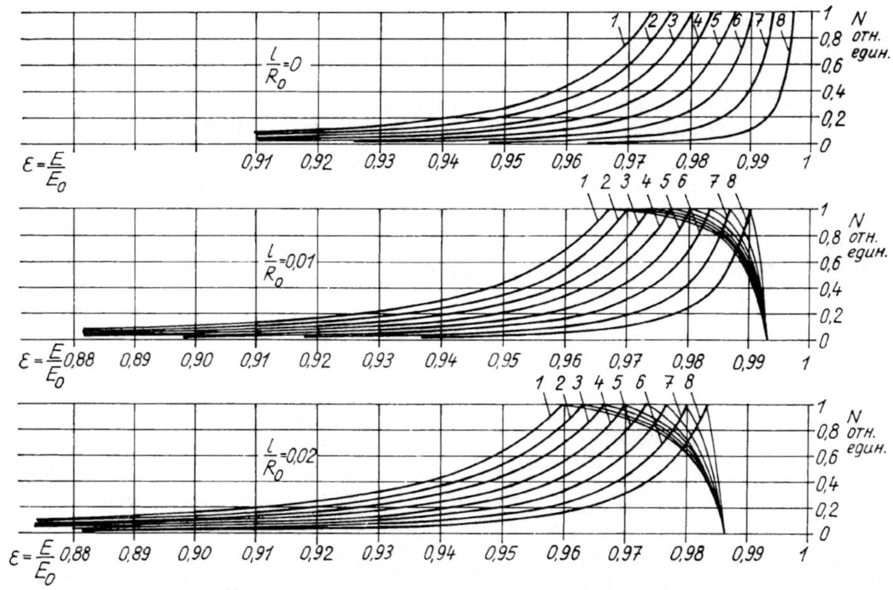

Рис. 2. Теоретические спектры α-частиц образцового α-источника, рассчитанные для различных толщин активного слоя h и защитного покрытия l

Кривая 1. $h/R_0 = 0{,}04$; 2. $h/R_0 = 0{,}035$; 3. $h/R_0 = 0{,}03$; 4. $h/R_0 = 0{,}025$; 5. $h/R_0 = 0{,}02$; 6. $h/R_0 = 0{,}015$; 7. $h/R_0 = 0{,}01$; 8. $h/R_0 = 0{,}005$

вания выражения для числа альфа-частиц пересекающих площадку $\mathrm{d}s$ из элементарного объёма $\mathrm{d}v$.

$$\frac{\mathrm{d}N}{\mathrm{d}\varepsilon} = -\frac{R_0 n l \varepsilon^{n-1}}{4\pi} \int\limits_0^{2\pi} \int\limits_0^{s} \int\limits_{\Theta_1}^{\Theta_2} \sin\theta \cos\theta \,\mathrm{d}\theta \,\mathrm{d}s \,\mathrm{d}\varphi \quad (6)$$

Активность нуклида в альфа-источнике представим в виде $A = chs$ (s — площадь источника). Интегрирование производится для различных областей источника: I область — где радиус r изменяется в интервале $0 \leqq r \leqq l$; при этом ε изменяет l в интервале $\varepsilon_1 \leqq \varepsilon \leqq l$ где $\varepsilon = (1 - l/R_0)^{1/n}$, а $\Theta_1 = \Theta_2 = 0$

и

$$\left(\frac{\mathrm{d}N}{\mathrm{d}\varepsilon}\right)_{\mathrm{I}} = 0 \qquad (7)$$

Для области II: $l \leqq r \leqq h + l$; $\quad \varepsilon_2 \leqq \varepsilon \leqq \varepsilon_1$

где

$$\varepsilon_2 = \left(1 - \frac{l+h}{R_0}\right)^{1/n}: \quad \Theta_1 = 0\ , \ \Theta_2 = \arccos\frac{l}{r}$$

тогда

$$\left(\frac{\mathrm{d}N}{\mathrm{d}\varepsilon}\right)_{\mathrm{II}} = \frac{R_0 A_0}{4h} n\varepsilon^{n-1}\left[1 - \frac{l^2}{R_0^2(1-\varepsilon^n)^2}\right]. \qquad (8)$$

Для области III: $l + h \leqq r \leqq R_0$, $\quad \Theta \leqq \varepsilon \leqq \varepsilon_2$

$$\Theta_1 = \arccos\frac{h+l}{r}\ ; \qquad \Theta_2 = \arccos\frac{l}{r}$$

тогда

$$\left(\frac{\mathrm{d}N}{\mathrm{d}\varepsilon}\right)_{\mathrm{III}} = \frac{A_0(h^2 - 2hl)}{4hR_0} \cdot \frac{n\varepsilon^{n-1}}{(1-\varepsilon^n)^2} \qquad (9)$$

Если полученные выражения (7), (8), (9) подвергнуть дальнейшему интегрированию по всему энергетическому интервалу, то получим известное уравнение связи между активностью нуклида в источнике и внешним альфа-излучением в угле 2π.

$$N_{\text{вн}} = \frac{A_0}{2}\left(1 - 0{,}5\frac{h}{R_0} - \frac{l}{R_0}\right) \qquad (10)$$

где $\dfrac{h}{R_0}$ и $\dfrac{l}{R_0}$ — характеризуют поправки на самопоглощение и поглощение и совпадают с коэффициентами, полученными в работах [2, 3].

Выражения (7), (8), (9) позволяют вычислить спектр альфа-частиц над поверхностью образцового альфа-источника. На рис. 2 представлены кривые распределения альфа-частиц для образцовых альфа-источников, расчитанные при различных коэффициентах самопоглощения, поглощения $\left(\text{т. е. } \dfrac{h}{R_0} \text{ и } \dfrac{l}{R_0}\right)$ для телесного угла 2π. Приведенные теоретичесие спектры альфа-частиц являются нормированными как по амплитуде спектра, так и по энергии.

На практике, при спектрометрических исследованиях характеристик альфа-источников на выходе анализирующих систем имеем не спектр альфа-частиц, а спектр импульсов от альфа-частиц. Измерительная аппаратура вносит свои изменения в спектр альфа-частиц, искажая его форму и вид. Чтобы перейти от теоретических спектров альфа-частиц к аппаратурным спектрам импульсов, необходимо учесть влияние измерительной установки, которая характеризуется некоторой аппаратурной функцией $G(\varepsilon, \varepsilon_{\text{ann}})$. Эта функция определяет зависимость вероятности регистрации альфа-частиц с энергиями в интервале от ε до $\varepsilon + \mathrm{d}\varepsilon$ при изменении амплитуды импульсов в интервале от ε_{ann} до $\varepsilon_{\text{ann}} + \mathrm{d}\varepsilon_{\text{ann}}$.

Для осуществления абсолютного $2\pi\alpha$-счёта нами применялась установка с импульсной ионизационной камерой, которая сочетала в себе счётную систему и ионизационный спектрометр. Она позволяла измерять внешнее излучение альфа-источников и исследовать спектральное распределение импульсов от альфа-частиц.

Импульсная ионизационная камера с сеткой имеет плоско-параллельное расположение электродов. Собирающий электрод представляет собой диск диаметром 120 *мм* и находится на расстоянии 25 *мм* от сетки.

Высоковольтный электрод имеет диаметр 240 *мм* и расположен на растоянии 58 *мм* от сетки. Сетка изготовлена из константановой проволоки диаметром 0,1 *мм*, натянутой на латунное кольцо на расстоянии 1 *мм* друг от друга. Камера наполняется рабочим газом, состоящим из смеси $Ar + 3\%\ CH_4$ до давления 150 *кПа*.

Собственная разрешающая способность ионизационного альфа-спектрометра зависит, в основном, от флуктуации ионизации, флуктуации радиотехнических шумов и других приборных факторов, приводящих к Гауссовскому распределению импульсов с шириной распределения $\Pi_г$ [4]. Для нашей установки $\Pi_г = 25—30$ *кэВ*. Выражение для расчёта аппаратурного спектра импульсов от альфа-частиц с учётом аппаратурной функции можно представить в виде:

$$\left(\frac{dN}{d\varepsilon}\right)_{\text{апп}} = \frac{2{,}35}{\Pi_1\sqrt{2\pi}} \int\limits_0^\infty e^{-\frac{2{,}76}{\Pi_г^2}(\varepsilon_{\text{апп}}-\varepsilon)^2} \left(\frac{dN}{d\varepsilon}\right)_{\text{теор.}} d\varepsilon \tag{11}$$

где $\left(\frac{dN}{d\varepsilon}\right)_{\text{теор.}}$ — теоретический спектр альфа-частиц.

Практически (при использовании многоканального анализатора) аппаратурный спектр импульсов можно представить в виде матрицы с числом элементов, зависящим от выбранной ширины канала анализатора.

$$\left(\frac{dN}{d\varepsilon}\right)_{\text{апп}} = [G] \cdot \left[\frac{dN}{d\varepsilon}\right]_{\text{теор.}} \tag{12}$$

Произведя вычисления на ЭВМ, можно довольно быстро получить семейство аппаратурных спектров для различных значений h/R_0 и l/R_0. При условии высокой стабильности измерительной аппаратуры удобно почлученную информацию записать в систему „памяти" вычислительной машины и предусмотреть в программе способ сравнения аппаратурных спектров, полученных путем вычислений с аппаратурным спектром испульсов, измеренном на спектрометре.

Сравнение спектров нами осуществлялось графическим подбором и совмещением спектров, причём оба спектра предварительно были нормированы по амплитуде и энергии. Пример такого совмещения приведен на рис. 3. Хорошее совпадение сравниваемых кривых указывает на правильность выбора данного расчётного спектра испульсов от альфа-частиц и однозначность определения величин h/R_0 и l/R_0. В случае несовпадения к кривых подбор осуществляют путем интерполяции двух близких расчётных спектров.

Описанным способом были определены поправки на поглощение и самопоглощение для ряда образцовых альфа-источников с активностью нуклида в источнике не более 500 *Бк*. Суммарные значения этих поправок находились в интервале от 0,012 до 0,02.

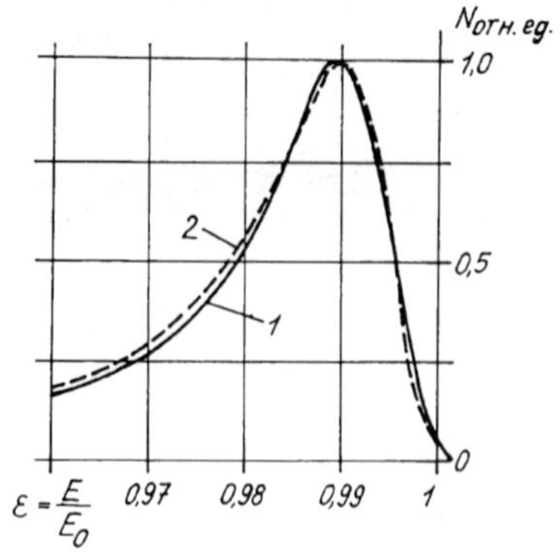

Рис. 3. Пример совпадения аппаратурных спектров импульсов от α-частиц. Кривая 1-экспериментальный спектр. Кривая 2-спектр, полученный расчётным путём

Погрешность определения этих поправок спектрометрическим методом, в основном, обусловлена неточностью составления аппаратурной матрицы $[G]$ и погрешностью измерения параметров энергетического спектра альфа-частиц. Анализ этой погрешности для случая $h/R_0 = 0{,}01$ и $l/R_0 = 0{,}01$ показал, что относительное значение составило $\approx 16\%$. Неучтенный остаток систематической погрешености измерения активности, обусловленный неточностью определения поправок на поглощение и самопоглощение оценивался по формуле:

$$\Theta_{\text{сп}} = \frac{p}{1-p}\, dp \tag{13}$$

где p — суммарное значение поправки на поглощение и самопоглощение, т. е. $p = 0{,}5\, h/R_0 + l/R_0$; dp — погрешность опреде ления этих поправок. Для приведенного выше примера неучтенный остаток систематической погрешности $\Theta_{\text{сп}}$ составил 0,24 %.

Поступила в редакцию 23/VII, 1980 г.

Литература

[1] *В. Я. Алексеев, В. А. Серебряный*, „Измерение активности нуклидов в альфа-источниках с помощью установки с импульсной иониза ционной камерой". В сб. Исследования в области ионизирующих излучений. Вып. 145 (205), 1973, стр. 58–71, изд. „Энергия",

[2] *Б. Росси, Г. Штауб*, „Ионизационные камеры и счётчики. Изд. ИЛ, 1951.

[3] *M. Curtis, S. W. Heyd, G. R. Oll*, „Nucleonics" (1955) v. 13. и 5.38

[4] *В. Я. Алексеев, В. А. Серебряный*, „Установка с импульсной ионизационной камерой типа УСЧ-9". В сб. Исследования в области ионизирующих излучений. Вып. 145 (205), 1973, стр. 48 до 58, Изд. „Энергия".

[5] *А. В. Боргачёв, А. А. Воробьев, А. П. Комар*, „Использование импульсной ионизационной камеры в качестве альфа-спектрометра" Изв. АН СССР, сер. физ. 1956, № 20, стр. 21–32.

Система метрологического обеспечения в области нейтронной дозиметрии*)

Ю. И. Брегадзе, Б. М. Исаев, П. Ф. Масляев

(ВНИИ физико-технических и радиотехнических измерений)[1])

Описаны методы и средства измерений, регламентируемые общесоюзной поверочной схемой для средств измерений мощности поглощенной и эквивалентной доз нейтронного излучения. Рассмотрены измерительные средства, входящие в состав государственного первичного эталона единиц мощности поглощенной и эквивалентной доз нейтронного излучения и методы измерений, положенные в основу этих средств измерений, а также их метрологические характеристики. Проанализированы структура поверочной схемы и требования к допустимым погрешностям средств измерений. Рассмотрены основные образцовые средства измерений и методы передачи размера единиц от исходных средств измерений поверяемым средствам измерения.

Keywords

calibration; dose equivalents; dosimetry; errors; measuring instruments; neutrons; radiation doses

Актуальность развития работ по обеспечению единства и правильности измерений поглощенной и эквивалентной доз нейтронного излучения обусловлена возрастанием использования нейтронных источников в промышленности, радиобиологии, медицине и т. д. Эта проблема имеет два аспекта. С одной стороны, возникает потребность измерения величин ответственных за возникновение эффектов в облучаемых объектах, например, в лучевой терапии и при радиационных исследованиях, с другой стороны, необходимо измерять величины связанные с прогнозированием риска при использовании нейтронных источников, т. е. при контроле радиационной безопасности. Одной из основных величин первого типа является поглощенная доза в определенных материалах. Для целей медицины и радиобиологии таким материалом является ткань. В случае хронического облучения малыми дозами величиной второго типа является эквивалентная доза. Величины: поглощенная и эквивалентная доза являются функциями точки в облучаемом объекте, поэтому их значения зависят от условий воспроизведения этих величин. Очевидно, что от условий воспроизведения размера единиц этих величин и условий их передачи от исходных средств измерения зависит как погрешность передачи размера единиц, так и погрешность, связанная с последующим использованием этих величин. Проведенный анализ показывает, что наименьшая погрешность измерения величины поглощенной дозы необходима для области медицины и радиобиологии, где требуется знание поглощенной дозы в точках облучаемого объекта. Поэтому при разработке средств измерения поглощенной дозы высшей точности выбирались условия воспроизведения единиц таким образом, чтобы погрешность с учетом погрешности воспроизведения, передачи и последующего использования в областях медицины и радиобиологии была минимальной. Что касается других областей, где необходимо значение поглощенной дозы, то в настоящее время допустимая погрешность в них такова, что в ряде случаев в пределах этой погрешности можно передать размер единицы от названных исходных средств измерения, в других случаях потребность обеспечивается путем проведения косвенных измерений с использованием некоторых констант и других величин, например, плотности потока нейтронов.

Величина эквивалентная доза является специфической величиной, предназначенной характеризовать степень радиационной опасности для человека, подвергающегося хроническому облучению. Хотя в этом случае имеет место однозначность в назначении этой величины, тем не менее существует определенная неоднозначность в ее практическом применении, в основном из-за того, что эта величина является функцией положения точки в облучаемом объекте, а для практического применения используются одно или ограниченное число значений этой величины. Очевидно, что и в этом случае погрешность при практическом применении этой величины в значительной мере будет зависеть от условий воспроизведения и последующей передачи размера единицы эквивалентной дозы.

До 1980 года основой обеспечения единства и правильности измерений мощности поглощенной и эквивалентной дозы нейтронного излучения были измерительная установка УЭДН-1, входившая в состав государственного первичного эталона единиц поглощенной дозы и мощности поглощенной дозы бета- и нейтронного излучения [1] и государственный первичный эталон единиц эквивалентной дозы и мощности эквивалентной дозы нейтронного излучения [2], разработанные во ВНИИМ им. Д. И. Менделеева.

В настоящее время эти функции выполняет государственный первичный эталон единиц мощности поглощенной и эквивалентной доз нейтронного излучения, разработанный во ВНИИФТРИ [3]. При разработке нового эталона ставились следующие дополнительные задачи:

— расширить диапазон энергий нейтронов в сторону меньших значений;
— увеличить диапазон мощностей поглощенной дозы;
— уменьшить значение систематической погрешности, в том числе при большой примеси γ-излучения;
— усовершенствовать систему передачи размера единиц рабочим средствам измерения.

*) Vortrag, gehalten beim ,,Internationalen Erfahrungsaustausch auf dem Gebiet der Messung ionisierender Strahlung“ in Berlin, 13.–16. Mai 1980

[1]) Anschrift: UdSSR, 117049 Moskau M-49, Leninprospekt 9

Государственный первичный эталон единиц мощности поглощенной и эквивалентной доз нейтронного излучения воспроизводит значения мощности поглощенной дозы нейтронного излучения с энергиями от 0,05 до 14 *МэВ* в диапазоне $2\cdot10^{-10}$ —10^{-3} *Гр/с* со случайным средним квадратическим отклонением результата измерения в диапазоне 10^{-3}—$2\cdot10^{-2}$ при неисключенном остатке систематической погрешности не превышающем $5\cdot10^{-2}$ и мощности эквивалентной дозы нейтронного излучения с энергиями от 0,01 до 14 *МэВ* в диапазоне $5\cdot10^{-10}$—$5\cdot10^{-5}$ *Зв/с* со случайным средним квадратическим отклонением результата измерения в диапазоне $3\cdot10^{-3}$—$3\cdot10^{-2}$ при неисключенном остатке систематической погрешности не превышающем $8\cdot10^{-2}$.

Выбор диапазона энергий нейтронов при воспроизведении единицы поглощенной дозы обусловлен тем обстоятельством, что доля нейтронов, дающая основной вклад в дозу для большинства спектров нейтронов, используемых на практике для целей радиобиологии и медицины, а также встречающихся в аварийных ситуациях, лежит в пределах от 0,05 до 14 *МэВ* [4]. С другой стороны для эквивалентной дозы этот диапазон необходимо расширить, т. к. в спектрах за защитой вклад нейтронов с энергией в диапазоне от 0,01 до 0,05 *МэВ* может составить значительную долю.

Исходя из перечисленных задач были выбраны состав эталона и структура поверочной схемы. Эталон состоит из измерителя мощности поглощенной дозы нейтронов с комплектом полостных ионизационных камер; измерителя мощности поглощенной дозы нейтронов с цилиндрическим пропорциональным счетчиком; измерителя коэффициента качества со сферическим пропорциональным счетчиком; измерителя мощности эквивалентной дозы нейтронов с шаровыми замедлителями; тканеэквивалентных фантомов; вспомогательного оборудования.

Анализ возможностей различных методов измерения мощности поглощенной дозы нейтронного излучения показал, что в указанном диапазоне мощностей и энергий нейтронов наилучшим является ионизационный метод. В этом диапазоне требуемую точность обеспечивают измерители мощности поглощенной дозы с комплектом полостных ионизационных камер [5, 6] и с цилиндрическим пропорциональным счетчиком [7]. Хотя погрешмость ионизационного метода существенно возрастает при энергиях менее 0,05 *МэВ* [8], погрешность измерения мощности поглощенной дозы в биологической ткани для реальных спектров нейтронов меняется незначительно, т. к. вклад в дозу нейтронов с энергией менее 0,05 *МэВ* мал [4]. Погрешность измерителя мощности поглощенной дозы с комплектом полостных ионизационных камер существенно зависит от примеси γ-излучения [8], поэтому в состав эталона введен измеритель мощности поглощенной дозы нейтронов с цилиндрическим пропорциональным счетчиком, который обеспечивает измерения с требуемой точностью при большой примеси γ-излучения. Кроме того он позволяет снизить случайную погрешность при малых мощностях поглощенной дозы нейтронов. Поскольку измерители мощности поглощенной дозы с пропорциональным счетчиком и с набором полостных ионизационных камер основаны на двух независимых методах, то их совместное применение приводит к уменьшению систематической погрешности.

Метод воспроизведения единицы эквивалентной дозы выбран на основе определения физической величины — эквивалентной дозы и представляет собой метод раздельного измерения в одной и той же точке поля излучения мощности поглощенной дозы нейтронов и коэффициента качества [9]. Погрешность этого метода возрастает при энергии нейтронов меньше 1 *МэВ* и становится значительной при энергии менее 0,3 *МэВ* поэтому в состав эталона включен измеритель мощности эквивалентной дозы с шаровыми замедлителями, позволяющий обеспечить необходимую точность при энергиях нейтронов до 0,01 *МэВ*.

В состав измерителя мощности поглощенной дозы с полостными ионизационными камерами входят 14 ионизационных камер с различным по химическому составу материалом стенки. Газовые смеси для наполнения камер составляются таким образом, чтобы камеры были гомогенными. 10 камер имеют объем примерно по 500 *см*³, а 4 — по 40 *см*³. Камеры имеют сферическую форму, толщина стенок составляет 3 *мм*. В основу используемых измерителей силы тока положен принцип интегрирующего электометрического усилителя [10]. В зависимости от мощности дозы ионизационные камеры присоединяются к предусилителю интегратора либо непосредственно, либо с помощью антивибрационного кабеля. В первом случае предусилитель перед измерениями вакуумируют, чтобы исключить влияние ионизации в объеме предусилителя на ионизационный ток, получаемый в камере. Мощность дозы нейтронов D_{n} и γ-излучения D_{γ} при измерении N камерами определяется путем решения системы уравнений.

$$S_i^n C_i^n P_i^n \frac{K_i^n}{K_0^n \varepsilon_i^n} D_{\text{n}} + S_i^{\gamma} C_i^{\gamma} P_i^{\gamma} \frac{K_i^{\gamma}}{K_0 \gamma \varepsilon_i^{\gamma}} = \frac{I_i}{\varrho_i V_i}$$
$$(i = 1, 2, \ldots, N)$$

где C_i^n, C_i^{γ} — коэффициенты, учитывающие изменение спектра нейтронов и γ-излучения вследствие многократного рассеяния в стенках i-ой камеры; S_i^n, S_i^{γ} — отношение тормозных способностей стенки и газа в i-ой камере с учетом эффекта плотности; P_i^n, P_i^{γ}-коэффициенты, учитывающие поправку на негомогенность i-ой камерй для нейтронов и γ-излучения за счет проводящего покрытия; K_i^n, K_0^n, K_i^{γ}, K_0^{γ} — керма в материале стенки камеры и в мышечном тканеэквивалентном веществе для невозмущенного поля нейтронов и γ-излучения; ε_i^n, ε_i^{γ}-эффективные средние энергии ионообразования в газе, наполняющем i-ю камеру, для нейтронов и γ-излучения; I_i-сила тока насыщения в i-ой камере; ϱ_i-плотность газа, наполняющего i-ю камеру; V_i-объем i-ой камеры.

Методика определения этих коэффициентов и их значения для некоторых спектров нейтронов приведены в работах [4, 6, 11].

Основным элементом измерителя мощности дозы с цилиндрическим пропорциональным счетчиком является пропорциональный счетчик с чувствительным объемом около 60 *см*³, ограниченным корректирующими электродами и стенками толщиной 3 *мм* из водородосодержащего материала [9]. Мощность поглощенной дозы нейтронов D_{n} в мышечном тканеэквивалентном веществе расчитывается по формуле

$$D_{\text{n}} = \frac{K_{\text{тк}}}{m \cdot K_{\text{n}}} PR \sum_{h_{\min}}^{h_{\max}} Q(h)\, h$$

где $\dfrac{K_{\text{тк}}}{K_{\text{n}}}$ — отношение кермы в ткани и материале стенки счетчика; P — градуировочный коэффициент, который связывает амплитуду импульса, возникающего в счетчике под действием α-частицы с определенной энергией; R — поправка, обусловленная потерей части импульсов от нейтронов из-за введения порога дискриминации h_{min}; $Q(h)$ — число импульсов в камере амплитудного анализатора h; m — масса газа в чувствительном объеме счетчика.

Значение коэффициента качества определяется согласно выражению

$$K = \int_0^\infty D(L)\, K(L)\, dL \Big/ \int_0^\infty D(L)\, dL$$

где $D(L)$ — распределение дозы по линейной передаче энергии (ЛПЭ); $K(L)$ — рекомендованная [13] зависимость коэффициента качества от ЛПЭ.

Распределение дозы по ЛПЭ измеряется с помощью тканеэквивалентного сферического пропорционального счетчика [12]. Исследования, проведенные с целью выбора оптимальных размеров полости, обеспечивающих минимальную погрешность, позволили установить, что эти размеры находятся в диапазоне 0,5—1,5 *мкм* [14]. Для определения поправок, связанных с тем, что не все вторичные заряженные частицы полностью пересекают полость, используется счетчик со стенками из алюминия. Для уменьшения погрешности из-за дифференцирования спектра при определении распределения дозы по ЛПЭ из аппаратурного спектра, показано [14], что коэффициент качества можно представить как функцию значения ЛПЭ, среднего по числу событий:

$$K = 4{,}0 + 0{,}11 \cdot L_N\,, \quad \text{для} \quad 15\ кэВ/мкм \leqslant L_N \leqslant 60\ кэВ/мкм$$

$$L_N = \frac{3}{2}\frac{L_0}{h_0} \int_0^\infty Q(h)\, h\, dh \Big/ \int_0^\infty Q(h)\, dh\,,$$

где h_0 — амплитуда импульса от частицы, имеющей определенное значение ЛПЭ (равное L_0) и пересекающей счетчик по диаметру; $Q(h)$ — аппаратурный спектр импульсов, полученный при помощи многоканального амплитудного анализатора.

Мощность эквивалентой дозы нейтронного излучения в точке $\varkappa$ с помощью измерителя мощности эквивалентной дозы с шаровыми замедлителями определяется согласно выражению

$$D_\varepsilon(\varkappa) = \int_0^\infty D_{0\varepsilon}(\varkappa, E)\, f(E)\, dE$$

где $D_{0\varepsilon}(\varkappa, E)$ — значения мощности эквивалентной дозы в точке $\varkappa$ облучаемого объекта на единичный флюенс нейтронов, зависящие от типа фантома и энергии нейтрона; $f(E)$ — дифференциальная плотность потока нейтронов, которая определяется в итерационном процессе [15].

$$f_t(E) = f_{t-1}(E) \cdot \frac{1}{l} \cdot \sum_1^l d_i(E) \Big/ \int_0^\infty d_i(E)\, f_{t-1}(E)\, dE$$

где

$$d_i(E) = \left[W_i \cdot (E) \Big/ R_i\right] \Big/ \left[\sum_1^l W_i(E) \Big/ R_i\right]$$

Скорость счета R_i с i-ым шаровым замедлителем связана с дифференциальной плотностью потока нейтронов через градуировочную функцию $W_i(E)$ соотношением

$$R_i = \int_0^\infty W_i(E)\, f(E)\, dE\,, \quad (i = 1, 2, 3, \ldots, l)$$

где l — число шаровых замедлителей. В измерениях используются, как правило, 4—5 замедлителей, выбираемых из набора замедлителей с диаметрами от 5 до 25,5 *г/см²*.

В состав эталона входят также сферический фантом, фантом в виде элиптического цилиндра, прямоугольные фантомы различных размеров. Фантомы предназначены для воспроизведения и передачи размера единицы эквивалентной дозы в различных условиях. Например, условия воспроизведения максимального значения эквивалентной дозы (МЭД) в тканеэквивалентной пластине толщиной 30 *см* при падении широкого мононаправленного пучка нейтронов моделируются путем экстраполяции результатов измерений, полученных с прямоугольными фантомами разных размеров [16].

Структура поверочной схемы, погрешности исходных и образцовых средств измерений, методы передачи размера единиц определяются точностью рабочих средств измерений [17]. Основная масса, применяемых рабочих средств измерений мощности поглощенной и эквивалентной дозы нейтронного излучения имеет погрешность в пределах 15—40%. С учетом этого в поверочную схему введены два разряда образцовых средств измерений. В качестве образцовых средств измерений могут использоваться изотопные источники нейтронов, источники на основе ядерно-физических установок и образцовые дозиметры.

В радиобиологии, терапии, для контрольно-арбитражных целей требуются приборы с погрешностью 5—15%. Передача размера единиц этим рабочим средствам измерений может осуществляться непосредственно от государственного первичного эталона, рабочих эталонов и образцовых средств измерений I-го разряда.

В поверочную схему введены средства измерений, заимствованные из других поверочную схем. Это, во-первых, образцовые дозиметры γ-излучения из поверочной схемы ГОСТ 8.071—73. Они могут использоваться в косвенных сличениях или в сличениях при помощи компаратора для определения влияния сопутствующего γ-излучения. Кроме того, они могут использоваться при поверке некоторых типов нейтронных дозиметров в полях γ-излучения. Во-вторых, это образцовые радиометры нейтронов из поверочной схемы ГОСТ 8.032—75. Они могут применяться в косвенных измерениях для передачи размера единиц рабочим средствам измерения в типовых полях нейтронного излучения, для которых устанавливаются переходные коэффициенты от плотности потока к мощности дозы. В-третьих, это стандартные образцы нейтронно-активационных веществ из поверочной схемы ГОСТ 8.105—74. Их целесообразно использовать в косвенных измерениях для передачи размера единиц рабочим средствам измерения в импульсных полях нейтронов или при мощностях дозы, превышающих верхний предел диапазона, который воспроизводится первичным эталоном. Переходные коэффициенты от плотности потока к мощности дозы определяются в стационарных полях нейтронов с тем же спектральным составом.

Поступила в редакцию 21/X, 1980 г.

Литература

[1] *М. Ф. Юдин* и др., Измерительная техника, 1972, № 12
[2] *А. П. Яновский* и др., Измерительная техника, 1975, № 9
[3] *Ю. И. Брегадзе* и др., Измерительная техника, 1979, № 10
[4] *Ю. И. Брегадзе* и др., Труды ВНИИФТРИ, 1978, вып. 36 (66), стр. 30
[5] *Ю. И. Брегадзе, П. Ф. Масляев*, Измерительная техника, 1974, № 7
[6] *Ю. И. Брегадзе, П. Ф. Масляев*, В кн. „Биофизика и радиобиология", вып. 3, Киев, „Наукова думка" 1967
[7] *В. П. Антипенков* и др., Измерительная техника 1973, № 4
[8] *Ю. И. Брегадзе, П. Ф. Масляев*, Измерительная техника 1973, № 8
[9] *Ю. И. Брегадзе, П. Ф. Масляев*, Измерительная техника 1975, № 8
[10] *В. М. Борзов, А. М. Илюкович*, Измерительная техника 1968, № 2
[11] *Ю. И. Бтрегадзе, П. Ф. Масляев*, „Труды ВНИИФТРИ" 1975, вып. 22 (52)
[12] *Ю. И. Брегадзе*, ид р., В сб. Вопросы микродозиметрии, вып. 1, Атомиздат 1973
[13] Радиационная безопасность. Величины, единицы, методы и приборы. Доклады 19 и 20 МКРЕ. М., Атомиздат 1974
[14] *Ю. И. Брегадзе, П. Ф. Масляев*, Измерительная техника 1975, № 7
[15] *Е. А. Крамер-Агеев* и др., Активационные методы спектрометрии нейтронов, М., Атомиздат 1976
[16] *Ю. И. Брегадзе, П. Ф. Масляев*, „Труды ВНИИФТРИ" 1978, вып. 36 (66), стр. 37
[17] ГОСТ 8.347 – 79 „ГСИ. Государственный первичный эталон и общесоюзная поверочная схема для средств измерений мощности поглощенной и эквивалентной доз нейтронного излучения"

О величинах в дозиметрии ионизирующих излучений при контроле радиационной безопасности и лучевой терапии*)

Ю. И. Брегадзе, Б. М. Исаев, П. Ф. Масляев

ВНИИ физико-технических и радиотехнических измерений

Обосновывается необходимость упорядочения системы величин, используемых в лучевой терапии и в радиационном контроле. Сформулированы предложения по использованию для этих целей поглощенной и эквивалентной доз, которые наиболее полно характеризуют радиационные эффекты. Это также будет способствовать более простому переходу к единицам СИ в области дозиметрии. Обсуждаются тенденции в развитии концепций использования величины эквивалентной дозы для целей радиационной безопасности.

Keywords

dosimetry; ionizing radiations; radiation doses; radiation protection; radiotherapy; units

Среди дозиметрической аппаратуры основное место (по количеству приборов, находящихся в эксплуатации и выпускаемых промышленностью) принадлежит аппаратуре, предназначенной для измерения экспозиционной дозы фотонного излучения и ее мощности. В этой области насчитываются десятки различных типов дозиметрической аппаратуры. Величина — экспозиционная доза явилась одной из первых величин, призванной служить для оценки и прогнозирования радиационных эффектов, возникающих при облучении объектов фотонным излучением. Хотя уже давно было показано, что радиационные эффекты в объектах в большинстве случаев в первую очередь связаны с величиной поглощенной дозы, величина — экспозиционная доза продолжает широко использоваться для фотонного излучения, правда в видоизмененной концепции и с учетом появления источников высокоэнергетического фотонного излучения. Это связано, во-первых, с силой традиции, т. к. эта величина используется длительное время и имеется хорошо разработанная система градуировки и поверки приборов для измерения экспозиционной дозы [1], во-вторых, с возможностью использования простого метода, позволяющего осуществить переход от величины экспозиционной дозы к величине поглощенной дозы в некоторых материалах с помощью достаточно простых соотношений. Однако с расширением числа областей, где используется фотонное излучение, а также с возрастающим использованием источников других видов ионизирующих излучений, усилилась тенденция перехода к другим более универсальным и более адекватно связанным с радиационными эффектами величинам. Для такого перехода в ряде областей созданы определенные предпосылки. Так для области лучевой терапии с использованием фотонного излучения созданы средства измерения для воспроизведения и передачи размера единицы, а также разработаны принципы передачи размера единицы поглощенной дозы фотонного излучения [2]. Хотя ряд вопросов, связанных с выбором стандартных материалов и условии передачи единицы находятся в стадии согласования и отработки, здесь нет принципиальных грудностей, мешающих созданию системы метрологического обслуживания измерений поглощенной дозы фотонного излучения для целей лучевой терапии. Также достаточно прост и обоснован переход к поглощенной дозе в области радиационной технологии [3]. Что касается техники радиационной безопасности, то принято считать, что риск пребывания человека в поле излучения связан с эквивалентной дозой. Однако по изложенным выше причинам приборы, предназначенные для контроля радиационной опасности пребывания в поле фотонного излучения, градуируются в единицах экспозиционной дозы. Очевидно, что в этом случае возникают значительные трудности оценки опасности пребывания человека в смешанных полях излучения. Поэтому является логичным в этом случае отказаться от экспозитионной дозы и использовать для этих целей эквивалентную дозу, как это сделано в случае нейтрон-

*) Vortrag, gehalten beim „Internationalen Erfahrungsaustausch auf dem Gebiet der Messung ionisierender Strahlung" in Berlin, 13.–16. Mai 1980

[1]) Anschrift: UdSSR, 117049 Moskau M-49, Leninprospekt 9

ного излучения [4]I. Хотя целесообразность отказа от использования экспозиционной дозы и переход к другим величинам в зависимости от области применения достаточно ясна, в настоящее время требуется форсировать эту работу в связи с необходимостью перехода к единицам СИ [3, 5].

Принципы перехода к использованию поглощенной дозы для целей терапии и радиационной технологии в значительной степени развиты и в определенной мере реализуются в практической деятельности [2, 3, 6], поэтому нет надобности на них останавливаться подробно. Наименее разработан и наиболее труден вопрос перехода от экспозиционной дозы фотонного излучения к эквивалентной дозе [5]. Практика такого перехода нетривиальна, поэтому уместно предварительно рассмотреть общие аспекты такого перехода.

Сложность проблемы установления связи физических величин со степенью риска пребывания человека в поле ионизирующего излучения связана как с выбором самих физических величин так и с возможностью практической реализации методов и средств измерения выбранных величин. Что касается первой части проблемы, то в результате многочисленных исследований можно считать установленным, что риск пребывания человека в поле ионизирующего излучения в первую очередь связан с величиной эквивалентной дозы. По определению величина — эквивалентная доза является функцией положения точки в облучаемом объекте, поэтому для однозначного описанию степени риска необходимо знать распределение эквивалентной дозы в теле человека. Однако здесь проявляется вторая часть проблемы, т. к. только в исключительных случаях, особенно это касается повседневных измерений для целей радиационной безопасности, удается получить такое распределение. В течение нескольких последних десятилетий предпринимались попытки, целью которых было, с одной стороны, ввести достаточно адекватное описание степени риска на современном уровне знаний, с другой стороны, предусмотреть практическую возможность измерения величин, необходимых для этого. Введенная Международной Комиссией по радиационной защите (МКРЗ) [7] величина, представляющая собой сумму произведений эквивалентной дозы в органах человека на установленные весовые коэффициенты, учитывающие различную радиочувствительность критических органов относительно возникновения стохастических и нестохастических эффектов, в большинстве практических случаев не может быть определена. Считалось, что максимальное значение эквивалентной дозы в бесконечной тканеэквивалентной пластине толщиной 30 *см* и предложенная Международной Комиссией по радиационным единицам и измерениям (МКРЕ) [8] позднее величина — показатель эквивалентной дозы, являются в значительной мере адекватными и достаточными для оценки степени риска при хроническом облучении человека. Однако дальнейшее развитие концепций степени риска [7], требующих учета различной радиочувствительности критических органов, вызывает необходимость уточнения условий измерения величин, призванных характеризовать допустимые пределы облучения. Очевидно, что произойдет переоценка степени риска в том случае, если точка, в которой достигается максимальное значение эквивалентной дозы, локализуется в органе, радиочувствительность которого меньше по сравнению с наиболее радиочувсвительными органами. Пытаясь учесть это обстоятельство МКРЕ предложено [9] при определении показателя эквивалентной дозы в тканеэквивалентном шаре диаметром 30 *см* выделить две области, и для оценки степени радиационной безопасности с допустимыми пределами эквивалентных доз сравнивать максимальные значения эквивалентной дозы, имеющие место в поверхностном слое шара на глубинах от 7 *мг/см*^{2} до 1000 *мг/см*^{2} и внутри шира диаметром 28 *см*. В отличие от введенного ранее показателя эквивалентной дозы [8] эти величины предлагается называть ограниченными показателями эквивалентной дозы. Хотя такое уточнение существенно и несомненно полезно, в плане практической реализации возможности измерения этих величин остаются те же трудности, что имели место при измерении показателя эквивалентной дозы. Тем не менее пользуясь этой идеологией, в некоторых частных случаях можно выбрать фиксированные точки для определения ограниченных показателей эквивалентной дозы. Предложение проводить измерение значений эквивалентной дозы в фиксированных стандартизованных точках определенного фантома было сформулировано в работе [5]. Для внешнего облучения бета-излучением и фотонным излучением определенного диапазона энергий такой подход разработан в рекомендациях Международной электротехнической комиссии (МЭК) [10]. При этом учитывались следующие рекомендации МКРЗ [2]:

— эквивалентная доза в кожном покрове, относящаяся к глубине 7 *мг/см*^{2}, не должна превышать 500 *мЗв* в год;
— эквивалентная доза в хрусталике глаза, эффективная глубина замечания которго считается равной 300 *мг/см*^{2}, не должна превышать 300 *мЗв* в год;
— эквивалентная доза в теле человека на глубинах более 1000 *мг/см*^{2} не должна превышать 50 *мЗв* в год.

Обозначим величины ограниченных показателей эквивалентной дозы, относящиеся к глубинам в тканеэквивалентном шаре диаметром 30 *см* 7 *мг/см*^{2}, 300 *мг/см*^{2} и 1000 *мг/см*^{2} H_s, H_e и H_d соответственно. Для оценкистепени радиационной безопасности предполагается достаточным, чтобы ни одно из значений величин H_s, H_e и H_d не превышало соответственно значений 500, 300 и 50 *мЗв* в год.

Хотя такое приближение не отражает в полной мере концепции оценки степени риска, предложенной в рекомендациях МКРЗ, несомненно это шаг вперед по сравнению с концепцией максимального значения эквивалентной дозы, т. к. с одной стороны, при таком приближении учитывается различная радиочувствительность критических органов, с другой стороны, значительно упрощается экспериментальное определение необходимых величин. Более того, когда выполняется одно из соотношений $H_s/H_e > 1{,}67$ или $H_e/H_d < 6$, то нет необходимости измерять величину H_e. Соотношение $H_s/H_e > 1{,}67$ выполняется для фотонного излучения с энергиями примерно до 14 *кэВ*, а соотношение $H_e/H_d < 6$ выполняется для фотонного излучения с энергиями выше 12 *кэВ*. В случае бета-излучения соотношение $H_s/H_e > 1{,}67$ выполняется для энергий вплоть до 2 *МэВ*. Для энергий бета-излучения более 2 *МэВ* не выполняется ни одно из приведенных выше соотношений, однако если H_d измерять на глубине 800 *мг/см*^{2}, то в диапазоне энергий от 2 до 4 *МэВ* выполняется соотношение $H_e/H_d < 6$. Хотя уменьшение глубины для H_d до 800 *мг/см²* приводит к некоторой переоценке значений H_d, измеряемых на глубине 1000 *мг/см²*, для бета-излучения и фотонного излучения с малой энергией, эта переоценка находится в разумных пределах и принимается приемлемой, учитывая существенное упрощение процедуры измерений. Таким образом МЭК рекомендует измерять эквивалентные дозы на глубине 7 *мг/см²* и 800 *мг/см²* в тканеэквивалентном шаре диаметром 30 *см*, называя их соответственно кожной эквивалентной дозой и глубинной эквивалентной дозой, и сопоставлять их с допустимыми пределами 500 *мЗв* и 50 *мЗв* в год соответственно.

Целесообразно эту же концепцию использовать и для других видов излучения, в частности, для нейтронного, а также для смешанного излучения. К сожалению рекомендации МЭК [10] касаются только фотонного излучения и бета-излуччения. Хотя использование рекомендаций МЭК в национальных масштабах встречает ряд трудностей, связанных, в частности, с разными значениями допустимых дозовых нагрузок на критические органы, а также с разной принятой эффективной глубиной залегания критических органов, рекомендованный подход к проблеме несомненно полезен. Усилия в практической реализации этой концепции должны быть направлены, с одной стороны, на уточнение и согласование допустимых дозовых нагрузок на органы и установление единых эффективных глубин их залегания, с другой стороны, на выбор ограниченного числа оптимальных глубин в фантоме, на которых нужно проводить измерение эквивалентной дозы.

Практический переход к использованию эквивалентной дозы для оценки радиационной опасности пребывания в поле фотонного излучения должен включать в себя мероприятия по переградуировке дозиметров, отградуированных в единицах экспозиционной дозы, градуировке изготовляемых дозиметров и созданию системы метрологического обслуживания этих дозиметров. Для этого должны быть разработаны исходные средства измерений и методы передачи размера единицы.

Единицу поглощенной дозы, необходимую при создании исходных средств измерения эквивалентной дозы фотонного излучения, целесообразно передавать от первичного эталона единицы поглощенной дозы фотонного излучения.

Для находящихся в эксплуатации дозиметров следует определить переходные коэффициенты, связывающие значения экспозиционной и соответствующие значения эквивалентной дозы.

Подход к вопросу передачи размера единицы индивидуальным дозиметрам и дозиметрам, предназначенным для измерений в невозмущенном поле фотонного излучения с целью прогнозирования значений эквивалентной дозы на определенных глубинах, может быть аналогичным подходу, рассмотренному в работе [11] для нейтронного излучения.

Поступила в редакцию 21/X, 1980 г.

Литература

[1] *М. Ф. Юдин*, Дозиметрия фотонного излучения. М., Изд-во стандартов 1970

[2] *Ю. И. Брегадзе* и др., Измерительная техника 1973, № 3

[3] *В. А. Берлянд* и др., Измерительная техника 1979, № 8

[4] *Ю. И. Брегадзе* и др., Измерительная техника 1979, № 10

[5] *Ю. И. Брегадзе* и др., Измерительная техника 1979, № 8

[6] ICRU Report 23, 1973

[7] Рекомендации МКРЗ. Радиационная защита, Публикация № 26., М., Атомиздат 1978

[8] Радиационная безопасность. Величины, единицы, методы и приборы. Доклады №№ 19, 20 МКРЕ, М., Атомиздат 1974

[9] ICRU Report 25, 1976

[10] Beta, X and gamma radiation dose equivalent and dose equivalent rate meters for use in radiation protection. Droft, IEC. Technical Committee No. 45, Sub-committee 45 B, 1978

[11] *Ю. И. Брегадзе, П. Ф. Масляев*, Измерительная техника 1975, № 8

Informationen

BRD. Im Kernforschungszentrum Karlsruhe (KfK) wird an einem neuen Verfahren zur sicheren Endlagerung von ^{85}Kr gearbeitet, das auf der Ionenimplantation in Schichten korrosionsbeständiger Metalle beruht. Als Speichermetalle kommen z. B. Kupfer oder Titan in Betracht, die eine hohe Speicherdichte von 100 – 300 l Krypton pro Liter Metall besitzen. Wie elektronenmikroskopische Untersuchungen ergaben, wird das Krypton in Blasen von einigen 10^{-6} mm Durchmesser gespeichert, die mit zunehmender Temperatur wachsen und schließlich platzen, wobei das gespeicherte Gas freigesetzt wird. Dies erfolgt bei Kupfer und Titan aber merklich erst oberhalb 300 °C, also bei einer Temperatur, die beträchtlich über der liegt, die für die Endlager vorgesehen ist. Aus Titan z. B. wird bei 300 °C weniger als 1% des gespeicherten Gases in 100 Jahren freigesetzt.

Im KfK konnten bisher Implantationsraten von 1 l Krypton pro Tag erreicht werden. Dies entspricht ungefähr 1/100 des Kr-Anfalls aus einer Wiederaufarbeitungsanlage mit einer Kapazität von 350 t Brennstoff pro Jahr.

Frankreich. Von französischen Wissenschaftlern wurde eine Methode zur Altersbestimmung auf der Grundlage von ^{10}Be-Messungen weiterentwickelt, die sich besonders für die Datierung von Meeressedimenten eignet. Bei diesem Verfahren werden die ^{10}Be-Konzentration und das Verhältnis ^{10}Be/^{26}Al gemessen. ^{26}Al besitzt eine Halbwertszeit von 750000 Jahren und wird unter dem Einfluß der Höhenstrahlung aus ^{40}Ar gebildet. Sind Proben der kosmischen Höhenstrahlung nicht mehr ausgesetzt, wie dies bei Meeressedimenten der Fall ist, nimmt das ursprünglich konstante ^{10}Be/^{26}Al-Verhältnis mit einer effektiven Halbwertszeit von $1{,}42 \times 10^6$ a zu. Anhand dieses Verhältnisses kann somit das Alter von Proben bestimmt werden, deren Datierung bisher kaum möglich war, z. B. von Manganknollen aus der Tiefsee.

Großbritannien. Das Kernforschungszentrum Harwell der UKAEA bietet neuerdings seine Neutronenstrahleinrichtungen an den Materialprüfreaktoren Dido und Pluto Interessenten aus der Industrie zur Nutzung bei Materialuntersuchungen und zur Lösung anderer Probleme an. Die Dienstleistungen umfassen eine Reihe von Techniken, u. a. Radiographie, Beugung an Kristallen, Kleinwinkelstreuung, Vibrationsspektroskopie. Zur Demonstrierung der Neutronenstrahltechnik wurde in Zusammenarbeit mit Rolls Royce ein komplettes Flugzeugtriebwerk in einen Neutronenstrahl gebracht. Auf einem Bildschirm konnte bei laufender Maschine die Bewegung von Treibstoff und Schmiermittel verfolgt werden.

standard solution was used as tracer. The overall uncertainties in the standardization of the two solutions were 1·5 % and 1 % respectively.

K. Thieme, G. Wagner

State and Tendencies in the Development of Isotope Production in the GDR and the Associated Activity Measuring Technique, Including the Demands on Metrological Fundamentals

Isotopenpraxis **17** (1981) No. 5, p. 214 to 218
1 Fig., 1 Tab., 8 Ref.

The beginning of establishement of the isotope production in the GDR lies in 1958.
A big share of the radionuclide requirements in the GDR can be fullfilled at present. According to this about 50 % of production output were exported in more than 15 countries. Approximately 80 % of the preparations were made for application in nuclear medicine.
Big sealed sources and cyclotron isotopes will obtain more and more importance in future.
In accordance with these trends of development in radioisotope production measuring problems must be solved partly by co-operation with the ASMW as a result of products with very high activity concentrations up to some TBq/g, as a result of rised demands for better radionuclide purity and of production of novel isotopes as well as the calibration of instruments for dose rate measurement of big sealed sources.

I. A. Sokolova, I. A. Kharitonov

Consideration of Uncontrolled Losses in Measurement of Activity Concentration in Reference Standard Solutions (*in Russian*)

Isotopenpraxis **17** (1981) No. 5, p. 218 to 219
– Fig., 2 Tab., 2 Ref.

One of the most wide-spread methods of determination of the activity concentration in solutions consists in taking an aliquot of this solution, converting the radioactive nuclide from this aliquot into the solid or gaseous state and measuring its activity, with subsequent measurement of the activity concentration of the parent solution. Using the Fischer criterion, the error calculation is explained and shown on the example of measurement of the activity concentration of some aqueous carbonate solution.

V. J. Alekseyev

Determination of Correction for Absorption and Self-Absorption in Absolute 2πα-Counting by Means of Pulse Ionization Chamber (*in Russian*)

Isotopenpraxis **17** (1981) No. 5, p. 220 to 222
3 Fig., – Tab., 5 Ref.

The determination of the corrections for absorption and self-absorption of pure standard alpha-sources on solid metallic substrate performed by means of a measuring device representing a combination of a pulse ionization chamber, a counting system and an ionization spectrometer is reported. The described method is based on the measurement of emitted radiation from alpha-sources, as well as on the investigation of spectral distribution of alpha-particle pulses.
The corrections for absorption and self-absorption determined to this method for a series of standard alpha-sources with activities less than 500 Bq ranged within an interval from 0·012 to 0·02 Bq.

J. I. Bregadse, B. M. Isayev, P. F. Maslayev

The System of Metrological Safeguarding Neutron Dosimetry (*in Russian*)

Iotopenpraxis **17** (1981) No. 5, p. 223 to 226
– Fig., – Tab., 17 Ref.

The methods and metering equipment subject to the All-Union testing scheme for equipment measuring both absorption and equivalent dose rates are described. The survey covers metering equipment making up the National Primary Standard of units characterizing both the absorption and equivalent dose rates of neutron radiation, as well as both the measuring methods to be achieved by means of this metering equipment

^{137}Cs, эталонный раствор ^{134}Cs использовался в качестве индикатора. Общая неопределенность стандартизации обоих расторов составляла 1,5 и 1,0 % соответственно.

К. Тиме, Т. Вагнер

Состояние и тенденции развития производства изотопов в ГДР и связанной с этим техники измерения активности, включая требования к метрологическим основам

Isotopenpraxis **17** (1981) вып. 5, стр. 214 до 218
1 рис., 1 табл., 8 лит,.

В 1958 году было начато строительство технологической базы для производства радиоизотопов в ГДР. В настоящее время она уже позволяет покрывать большую часть потребностей страны в радионуклидах. Сверх того, около 50 % общего объема продукции поставляются на экспорт в более 15 зарубежных стран. Приблизительно 80 % выпускаемого ассортимента – препараты для применения в ядерной медицине. В перспективе все большее значение будет приобретать производство мощных источников излучения и циклотронных изотопов. Исходя из таких тенденций развития, нужно будет решать ряд проблем измерительной техники, возникающих в связи с выпуском продуктов с очень большими концентрациями активности вплоть до нескольких *ТБк/г*, в связи с повышенными требованиями к радионуклидной чистоте и производством новых видов радионуклидов, а также в области закрытых источников излучения в отношении калибровки аппаратуры для измерения мощности дозы излучения мощных источников. Успешное выполнение этих задач требует тесного сотрудничества с Ведомством по стандартизации, метрологии и испытаниям товаров ГДР.

И. А. Соколова, И. А. Харитонов

Учет неконтролируемых потерь в измерений концентрации активности эталонных растворов (*на русск. языке*)

Isotopenpraxis **17** (1981) вып. 5, стр. 218 до 219
– рис.И, 2 табл., 2 лит.

Один из наиболее распространенных методов определения в растворах концентрации активности состоит в отборе аликвотной пробы данного раствора с переводом радиоактивного нуклида из данной аликвотной пробы в твердое или газообразное состояние и измерением его активности. В последующем можно определить концентрацию активности исходного раствора. Опираясь на критерии Фишера излагается процесс расчетного определения ошибок, а на примере измерения концентрации активности водного карбонатного раствора этот процесс обясняется.

В. Я. Алексеев

Определение поправок на поглощение и самопоглощение при абсолютном 2πα-счете с помощью импульсной ионизационной камеры (*на русск. языке*)

Isotopenpraxis **17** (1981) вып. 5, стр. 220 до 222
3 рис., – табл., 5 лит.

Докладывается об определении поправок на поглощение и самопоглощение чистых эталонных альфа-источников на твердой металлической подкладке, выполненном с помощью измерительного устройства, являющегося комбинацией импульсной ионизационной камеры, счетчика и ионизационного спектрометра. Описываемый метод основывается на измерении испускаемого альфа-источниками излучения и на исследовании спектрального распределения импульсов альфа-частиц.
Определяемые данным методом поправки на поглощение и самопоглощение по отношению к ряду эталонных альфа-источников активностью менее 500 Bq находились в интервале от 0,012 до 0,02 Bq.

Ю. И. Брегадзе, Б. М. Исаев, П. Ф. Масляев

Система метрологического обеспечения в области нейтронной дозиметрии (*на русск. языке*)

Isotopenpraxs **17** (1981) вып. 5, стр. 223 до 226
– рис., – табл., 17 лит.

Описаны методы и средства измерений, регламентируемые общесоюзной поверочной схемой для средств измерений мощности поглощенной и эквивалентной доз нейтронного излучения. Рассмотрены измерительные средства, входящие в состав государственного первичного эталона единиц мощности поглощенной и эквивалентной доз нейтронного излучения и методы измерений, положенные в основу

and their metrological characteristica. The structure and the requirements as to the permissible error data of the metering equipment are investigated. The main reference metering equipment as well as the methods of disseminating the unit values from the parent metering equipment to the equipment subject to testing are considered.

J. I. Bregadse, B. M. Isayev, P. F. Maslayev

On Units in Dosimetry of Ionizing Radiation Related to Health Physics and Radiation Therapy (*in Russian*)

Isotopenpraxis **17** (1981) No. 5, p. 226 to 228
– Fig., – Tab., 11 Ref.

The necessity to have a system of units related to radiation therapy and health physics is proved. Proposals with regard to the utilization of the absorption and equivalent dose most of all suitable to characterize radiation effects are set up. This approach will promote easy transition to SI units in dosimetry. The trend of development of concepts for the application of the units "equivalent dose" for purposes of health physics are discussed.

Information

Isotopenpraxis **17** (1981) No. 5, p. 228

этих средств измерений, а также их метрологические характеристики. Проанализированы структура поверочной схемы и требования к допустимым погрешностям средств измерений. Рассмотрены основные образцовые средства измерений и методы передачи размера единиц от исходных средств измерений поверяемым средствам измерения.

Ю. И. Брегадзе, Б. М. Исаев, П. Ф. Масляев

О величинах в дозиметрии ионизирующих излучений при контроле радиационной безопасности и лучевой терапии (*на русск. языке*)

Isotopenpraxis **17** (1981) вып. 5, стр. 226 до 228
– рис., – табл., 11 лит.

Обосновывается необходимость упорядочения системы величин, используемых в лучевой терапии и в радиационном контроле. Сформулированы предложения по использованию для этих целей поглощенной и эквивалентной доз, которые наиболее полно характеризуют радиационные эффекты. Это также будет способствовать более простому переходу к единицам СИ в области дозиметрии. Обсуждаются тенденции в развитии концепций использования величины эквивалентной дозы для целей радиационной безопасности.

Новости

Isotopenpraxis **17** (1981) вып. 5, стр. 228

(Fortsetzung des Inhaltsverzeichnisses)

Ju. I. Bregadse, B. M. Isajew, P. F. Massljajew

Das System der metrologischen Sicherung auf dem Gebiet der Neutronendosimetrie (*in Russisch*)

Isotopenpraxis **17** (1981) H. 5, S. 223 bis 226
– Abb., – Tab., 17 Lit.

Die Methoden und Meßmittel, die dem Allunionsprüfschema für Meßmittel der Absorptions- und Äquivalent-Dosisleistung der Neutronenstrahlung unterworfen sind, werden beschrieben. Behandelt werden die Meßmittel, die zum Bestand des Staatlichen Primärnormals der Einheiten der Absorptions- und Äquivalent-Dosisleistung der Neutronenstrahlung gehören, und die Meßmethoden, die diesen Meßmitteln zugrunde liegen, sowie ihre metrologischen Charakteristika. Die Struktur des Prüfschemas und die Forderungen an die zulässigen Fehler der Meßmittel werden analysiert. Behandelt werden die wichtigsten Referenznormalmeßmittel und die Methoden der Weitergabe des Wertes der Einheiten von den Ausgangsmeßmitteln an die zu prüfenden Meßmittel.

Ju. I. Bregadse, B. M. Isajew, P. F. Massljajew

Über die Größen in der Dosimetrie ionisierender Strahlungen bei der Kontrolle des Strahlenschutzes und der Strahlentherapie (*in Russisch*)

Isotopenpraxis **17** (1981) H. 5, S. 226 bis 228
– Abb., – Tab., 11 Lit.

Die Notwendigkeit des Systems der Größen, die in der Strahlentherapie und im Strahlenschutz angewendet werden, wird begründet. Die Vorschläge zur Verwendung der Absorptions- und der Äquivalentdosis, die am vollständigsten Strahlungseffekte charakterisieren, werden zu diesem Zweck formuliert. Das wird auch den einfacheren Übergang zu den Einheiten des SI auf dem Gebiet der Dosimetrie fördern. Die Tendenzen in der Entwicklung der Konzeptionen der Verwendung der Größen Äquivalentdosis für Zwecke des Strahlenschutzes werden erörtert.

Informationen

Isotopenpraxis **17** (1981) H. 5, S. 228

Horst Völz

ELEKTRONIK

Grundlagen, Prinzipien, Zusammenhänge

3. unveränderte Auflage

1981. XX, 1002 Seiten — 783 Abbildungen — 160 Tabellen — gr. 8° — Leinen 95,— M

Bestell-Nr. 7624769 (6118)

Fast alle Naturwissenschaftler und Mathematiker gehen heute mit vielfältigen elektronischen Geräten um. Hier wird auf didaktischer Basis, ohne die Tiefe der ingenieurtechnischen bzw. theoretisch-mathematischen elektronischen Literatur anzustreben, ein Werk vorgelegt, das ein entsprechendes Selbststudium und damit eine Einarbeitung ermöglicht. Es behandelt dabei die Grundlagen der passiven Bauelemente und Schaltungen, Röhren und Verstärker, der unipolaren und bipolaren Halbleiter bis zu den Problemen der integrierten Schaltkreise und schließt mit ausgewählten Beispielen der Meßtechnik ab. Innerhalb dieser Teile wird ausführlich auf Rückkopplung, Leistungsverstärker, Störungen, Analog- und Digitaltechnik, Dünnfilm-, Dickfilm- und Hybridtechnik sowie auf die Halbleitertechnologie eingegangen.
In der 2. Auflage wurde vor allem die integrierte Halbleitertechnik auf den neuesten Stand gebracht, die Digitaltechnik konsequent von ihren Grundlagen bis zur Rechentechnik und bei den Bauelementen bis zum Mikroprozessor entwickelt.
Das didaktische Grundanliegen der verständlichen Entwicklung an Wirkungsprinzipien, das auch ein Selbststudium ermöglicht, ist unverändert geblieben.

Bestellungen durch eine Buchhandlung erbeten

AKADEMIE-VERLAG
DDR-1080 Berlin, Leipziger Str. 3—4

Contents of this Issue

Werner Albring

Elementarvorgänge fluider Wirbelbewegungen

1981. Etwa 400 Seiten — 97 Abbildungen
gr. 8° — Leinen — etwa 35,— M
Bestell-Nr. 762 795 1 (6574)

Der Autor bietet in diesem Werk Ergebnisse strömungsmechanischer Forschung aus einem Gebiet, dem in der Gegenwart besonderes Interesse gilt; er berichtet über das Bewegen von Einzelwirbeln, von ganzen Wirbelfeldern und von Wirbelfeldsystemen in ihrer Abhängigkeit von den Koordinaten des Weges und der Zeit.

Bestellungen durch eine Buchhandlung erbeten

AKADEMIE-VERLAG
DDR-1080 Berlin, Leipziger Str. 3—4

MIX
Papier | Fördert gute Waldnutzung
FSC® C083411

Zeitfracht Medien GmbH
Ferdinand-Jühlke-Straße 7
99095 Erfurt, Deutschland
produktsicherheit@kolibri360.de